# The Michigan Historical Reprint Series

*Reprints from the collection of the University of Michigan University Library*

This volume is produced from digital images created through the University of Michigan University Library's preservation reformatting program. The Library seeks to preserve the intellectual content of items in a manner that facilitates and promotes a variety of uses. The digital reformatting process results in an electronic version of the text that can both be accessed online and used to create new print copies. This book and thousands of others can be found in the digital collections of the University of Michigan Library. The University Library also understands and values the utility of print, and makes reprints available through its Scholarly Publishing Office.

For access to the University of Michigan Library's digital collections, please see http://www.lib.umich.edu.

The Scholarly Publishing Office seeks to disseminate high-quality, cost-effective scholarly content through both print and electronic publishing. Information about the Scholarly Publishing Office can be found at http://spo.umdl.umich.edu.

The Scholarly Publishing Office
the University of Michigan
University Library

# LES LIEUX GÉOMÉTRIQUES

## EN MATHÉMATIQUES SPÉCIALES

T. LEMOYNE

# LES LIEUX GÉOMÉTRIQUES

EN

## MATHÉMATIQUES SPÉCIALES

AVEC APPLICATION DU PRINCIPE DE CORRESPONDANCE
ET DE LA THÉORIE DES CARACTÉRISTIQUES
A 1.400 PROBLÈMES DE LIEUX ET D'ENVELOPPES

> La théorie des caractéristiques procure des solutions générales, *excessivement simples*, dans des questions dont une grande partie sont *absolument inaccessibles* à la méthode analytique.
>
> CHASLES.

PARIS
LIBRAIRIE VUIBERT
63, BOULEVARD SAINT-GERMAIN, 63

1923

# PRÉFACE

Due principalement au génie de Chasles, étendue par lui et par de Jonquières aux courbes algébriques d'ordre quelconque, par Fouret aux courbes transcendantes, la théorie des caractéristiques, malgré ce brillant début, est restée à peu près complètement ignorée, surtout en France où elle a vu le jour. Il semble qu'on en ait à la fois méconnu la simplicité, la puissance et la fécondité. Elle n'est enseignée nulle part et si l'on en excepte le tome I des *Courbes géométriques remarquables* où j'ai consacré aux éléments de cette théorie un certain développement, on peut dire qu'elle n'est exposée dans aucun ouvrage français. On croirait que, depuis Halphen, les mathématiciens se tiennent à son égard sur une certaine réserve. L'une des raisons en est sans doute la suivante : résolvant avec une extrême facilité les problèmes de lieux et d'enveloppes relatifs aux systèmes de coniques et de courbes dans les cas les plus généraux, elle se prête mal, avec difficulté, à la recherche des cas particuliers et semble perdre toute sa force dans les questions où triomphe la géométrie analytique. Aussi n'a-t-on pas jusqu'ici, du moins à ma connaissance, cherché à l'appliquer aux multiples systèmes de coniques étudiés par celle-ci.

Il m'a semblé cependant que cette faiblesse n'était qu'apparente, et qu'en modifiant et complétant certains des théorèmes fondamentaux de Chasles, on pouvait déjà obtenir une foule d'applications simples : j'en donne ici plus d'un millier; il est facile d'en ajouter d'autres. Il suffit pour cela de se reporter aux théorèmes indiqués dans le tome I des *Courbes géométriques remarquables*, et d'y remplacer les lettres $\mu$ et $\nu$ par les nombres donnés dans le tableau qui suit cette préface : le lecteur n'aura d'autre effort à faire que d'écrire la réponse.

La théorie des caractéristiques en effet est à la géométrie analytique ce que l'algèbre du premier degré est à l'arithmétique élémentaire : elle en généralise un grand nombre de problèmes, et de la solution de chacune de ces généralisations découlent une foule de résultats que le calcul ne permet pas de prévoir ni parfois même d'obtenir.

« On ne saurait, a dit Chasles, trop admirer la portée et l'immense utilité de la méthode analytique, surtout dans les recherches qui demandent l'intervention de quantités infinitésimales, comme cela a lieu dans l'étude de la plupart des phénomènes naturels.

« Mais on ne peut se dissimuler que dans la géométrie proprement dite, et en particulier dans la théorie des courbes, auxquelles cette méthode pouvait dans l'origine être destinée, elle perd souvent ses avantages. Ce qui le prouve bien, c'est que les questions relatives aux propriétés des systèmes de courbes assujetties à des conditions communes n'ont fait jusqu'ici que peu de progrès. C'est qu'en effet la méthode analytique, si simple de conception, entraîne des difficultés le plus souvent insurmontables. »

Quel examinateur songerait à poser à un candidat aux grandes écoles, parmi tant d'autres du même ordre, cette question d'énoncé si simple : Trouver le lieu des centres des cercles tangents à deux coniques données? — Des raisonnements géométriques à la portée d'un élève de mathématiques élémentaires, ou l'application des formules données ici, montrent que le lieu demandé est une courbe du 28e ordre, mais il serait assurément moins commode d'en rechercher l'équation.

On trouvera dans le cours de cet ouvrage un certain nombre d'exemples de ce genre, que la géométrie analytique ne permet guère de résoudre, et qui par conséquent ne figurent dans aucun recueil de problèmes ni dans aucune revue de mathématiques. Bien que dans la théorie des caractéristiques, ils se présentent en quelque sorte naturellement et avec une profusion inattendue, je ne les ai pas multipliés, au contraire : ils seraient de peu d'utilité au lecteur puisqu'en fait ils dépassent la puissance des méthodes analytiques.

A l'heure actuelle on n'a jamais abordé — que dans des cas extrêmement rares — la recherche des lieux et enveloppes relatifs aux systèmes de cubiques ou de quartiques : la complication des calculs serait telle qu'il y faut renoncer. Lieux des foyers, des points d'inflexion des cubiques assujetties à huit conditions simples, lieux des points doubles des cubiques de quatrième classe, des rebroussements des cubiques de troisième classe, etc., enveloppes des tangentes d'inflexion, de rebroussement, etc., relatives à ces courbes, sont autant de problèmes que la géométrie analytique laisse sans solution. La théorie des caractéristiques, qui les résout très facilement, montre, par exemple, que le lieu des foyers ordinaires des cubiques passant par sept points donnés à distance finie et touchant une droite donnée est une *courbe du* 176e *ordre;* que le lieu des pieds des normales abaissées d'un point donné sur les cubiques passant par cinq points quelconques et tangentes à trois droites données est une *courbe du* 384e *ordre.* J'indiquerai dans le tome II des *Courbes géométriques remarquables* comment ces résultats — qu'on peut considérer comme inaccessibles à la géométrie analytique — s'obtiennent le plus simplement du monde.

Ici, au contraire, j'ai cherché surtout à multiplier les exemples simples; aussi n'ai-je envisagé que les théorèmes fondamentaux de Chasles; mais j'ai dû souvent les modifier ou les compléter, et ce qui suit en montrera la raison.

Si l'une des causes qui ont empêché en France la diffusion de la théorie des caractéristiques est sans doute qu'aucun ouvrage n'en a montré la fécondité, il en est une autre, peut-être plus importante, que l'on ne peut guère passer sous silence, car elle tient à la nature même de la méthode.

Toute recherche de lieux et d'enveloppes montre qu'à côté de la solution générale il y a presque toujours à envisager des cas particuliers. Ainsi le lieu des points dont le rapport des distances à deux points donnés est constant est un cercle, mais ce résultat n'est plus exact si le rapport donné est égal à un; le lieu des points équidistants de deux droites données se compose de deux droites, mais ce résultat n'est plus exact si les deux droites données sont parallèles. Et assurément nul ne songe, parce qu'ils offrent une exception, à considérer les deux théorèmes précédents comme inexacts ou douteux.

La théorie des caractéristiques, qui se propose tout d'abord la recherche de théorèmes généraux pour lesquels elle n'emploie le plus souvent que deux données, doit nécessairement, par suite de la généralité même des questions traitées, présenter pour chacune d’elles des cas particuliers nombreux, auxquels on n’a pas le droit d’appliquer sans modification convenable la formule obtenue dans le cas général. Il n’est donc pas surprenant que les théorèmes énoncés par Chasles et appliqués à des cas que n’avait pas envisagés leur illustre auteur aient pu donner des résultats inexacts.

Cette application maladroite est due au fait que la plupart des théorèmes de Chasles ayant été énoncés sans démonstration, le lecteur pouvait les croire encore valables alors qu’ils ne l’étaient plus et devaient être modifiés. Je me suis donc tout d’abord efforcé de démontrer les théorèmes en question soit en rétablissant les démonstrations de leur auteur soit en en imaginant de nouvelles. Chasles a indiqué lui-même qu’il avait obtenu ces belles propositions en appliquant le principe de correspondance, et il l’a montré pour plusieurs d’entre elles. A la vérité j’ai assez peu employé ce principe; s’il est excellent pour les solutions générales, il devient d’une application souvent difficile dans les cas particuliers. J’ai utilisé au contraire des raisonnements plus directs, d’ailleurs infiniment simples, et présentant l’avantage de mettre presque toujours en évidence un certain nombre d’exceptions.

Ainsi, pour prendre un exemple, la théorie indique que le lieu des foyers d’un système de coniques est d’ordre $3\nu$, $\nu$ désignant le nombre de ces courbes tangentes à une droite quelconque. Or, le raisonnement conduisant à cette conclusion suppose que $\nu$ coniques du système et $\nu$ seulement sont tangentes à la droite de l’infini. La formule précédente ne donnera donc ni les lieux des foyers de paraboles (que Chasles a fait connaître dans une seconde formule) ni les lieux des foyers de coniques dont le centre est donné ou qui coupent la droite de l’infini en un ou deux points fixes, etc.

Ces cas particuliers présentent parfois plus de difficultés que le cas général et jusqu’ici on les avait, semble-t-il, laissés un peu de côté. J’en ai examiné un certain nombre et soit dans le tome I des *Courbes*, soit ci, ’ai donné les formules correspondantes.

Ainsi, j’ai complété les trente-deux théorèmes fondamentaux de Chasles, qui forment la base de la théorie, par une cinquantaine d’autres, mais je n’ai pas épuisé le sujet et il reste encore en des cas à envisager. Cependant, telle qu'elle est, la méthode rmet à un élève de mathématiques élémentaires n'ayant nais étudié de géométrie analytique, de résoudre sans difficlté une foule de problèmes de lieux et d'enveloppes dont un and nombre sont même inabordables par le calcul.

« Il n'y a pas de route royale en géométrie », disait un jour ıclide à son élève Ptolémée Philadelphe, roi d'Égypte, qui demandait d'aplanir pour lui les difficultés du chemin. i, il y en a une, belle, droite et pleine de charmes. Cette voie chanteresse conduit avec une facilité prodigieuse à des omaines encore inexplorés et inaccessibles aux autres chemins, ais bien que découverte il y a près de soixante ans, on n'a squ'ici guère osé la prendre. Il m'a semblé qu'avec un peu prudence on pouvait s'y engager et c'est pourquoi je convie Lecteur à en parcourir le début, persuadé qu'il ne le regrettera oint.

La théorie des caractéristiques est basée sur le principe de orrespondance, dont je donne dès les premières pages une émonstration géométrique. Avant la découverte par Chasles e ce principe, la recherche par la géométrie pure des lieux et nveloppes s'effectuait avec difficulté, au hasard et sans autre uide que la sagacité du chercheur; il y fallait une grande ngéniosité d'esprit et l'on peut dire que les résultats obtenus ttestaient beaucoup plus la persévérance et la perspicacité es investigateurs que la puissance des moyens employés.

Avec le principe de correspondance, Chasles a donné à la echerche des lieux géométriques ce qui lui avait manqué usque-là : une méthode. En en faisant à la théorie des caractéristiques la plus heureuse des applications, non seulement il a nontré qu'une foule de résultats des plus variés n'étaient que es conséquences immédiates d'un petit nombre de formules, nais il a ouvert à la géométrie pure des perspectives illimitées, t telle qu'elle est sortie de ses mains, la théorie des caractéistiques forme un instrument d'une simplicité et d'une puisance incomparables. Toutefois, il restait peut-être à l'assouplir; e me suis efforcé de le faire; puissè-je y avoir au moins partielement réussi.

## Tableau des caractéristiques des principaux systèmes de coniques ($\mu$ $\nu$).

| Éléments Points | donnés Tangentes | $\mu$ | $\nu$ |
|---|---|---|---|
| 4 | 0 .................................... | 1 | 2 |
| 3 | 1 .................................... | 2 | 4 |
| 2 | 2 (1) .................................... | 4 | 4 |
| A, B | 2 tg. issues d'un point O de AB.................... | 2 | 2 |
| 1 | 3 .................................... | 4 | 2 |
| 0 | 4 .................................... | 2 | 1 |
| 0 | 2 en deux points donnés.......................... | 1 | 1 |
| 1 | 2 dont l'une en 1 point donné.................... | 2 | 2 |
| 2 | 1 en 1 troisième point donné.................... | 1 | 2 |
| 0 | 3 dont l'une en 1 point donné.................... | 2 | 1 |
| 2 | 0 connaissant une droite et son pôle.............. | 1 | 2 |
| 0 | 2 — — .............. | 2 | 1 |
| 1 | 1 — — .............. | 2 | 2 |
| 0 | 1 en 1 point donné — .............. | 1 | 1 |
| 2 | 0 1 asymptote .............................. | 1 | 2 |
| 1 | 1 — .............................. | 2 | 2 |
| 0 | 2 — .............................. | 2 | 1 |
| 0 | 0 2 — .............................. | 1 | 1 |
| 2 | 0 centre .................................. | 1 | 2 |
| 0 | 2 — .................................. | 2 | 1 |
| 1 | 1 — .................................. | 2 | 2 |
| 0 | 1 tg. en 1 p[t] donné, centre.................. | 1 | 1 |
| 2 | 0 foyer (2) .................... | 4 | 4 |
| A, B | 0 1 foyer situé sur AB .............. | 2 | 2 |
| 1 | 1 foyer.......................... | 4 | 2 |
| 0 | 1 tg. en 1 p[t], 1 foyer.......................... | 2 | 1 |
| 0 | 2 1 foyer.......................... | 2 | 1 |
| 0 | 0 foyer et directrice correspondante.............. | 1 | 1 |
| 0 | 0 2 foyers.......................... | 2 | 1 |
| 3 | 0 *conjuguées* par rapport à 2 points ............ | 1 | 2 |
| 2 | 1 — — ............ | 2 | 4 |
| 1 | 2 — — ............ | 4 | 4 |
| 0 | 3 — — ............ | 4 | 2 |
| 0 | 2 dont l'une en 1 p[t] donné, conj. par rapport à 2 points. | 2 | 2 |
| 1 | 1 tg. en 1 p[t] donné — — .... | 1 | 2 |
| 1 | 0 centre — — .... | 1 | 2 |
| 0 | 1 — — — .... | 2 | 2 |
| 1 | OX, OY, la polaire de O passe par 1 p[t] donné P ........ | 2 | 2 |
| 0 | OX, OY, *d*, — — — .......... | 2 | 1 |
| 0 | 3 conjuguées par rapport à 2 droites .............. | 2 | 1 |
| 1 | 2 — — .............. | 4 | 2 |
| 2 | 1 — — .............. | 4 | 4 |
| 3 | 0 — — .............. | 2 | 4 |

(1) et (2) Ces deux systèmes se décomposent chacun en deux séries de coniques de caractéristiques $\mu = 2$, $\nu = 2$.

| Éléments donnés — Points | Tangentes | | μ | ν |
|---|---|---|---|---|
| 1 | 1 | tg. en 1 p$^t$ donné, conjuguées par rapport à 2 droites. | 2 | 2 |
| 0 | 2 | tg. dont l'une en 1 p$^t$ donné — | 2 | 1 |
| 1 | 0 | centre — | 2 | 2 |
| 0 | 1 | centre — | 2 | 1 |
| A, B | 1 | pôle de AB sur une droite donnée | 2 | 2 |
| A, B, C | 0 | — — | 1 | 2 |
| 0 | 3 | le centre décrit une droite | 2 | 1 |
| 1 | 2 | — — | 4 | 2 |
| 2 | 1 | — — | 4 | 4 |
| 3 | 0 | — — | 2 | 4 |
| 1 | 1 | tg. en 1 p$^t$ donné — | 2 | 2 |
| 0 | 2 | tg. dont l'une en 1 p$^t$ donné — | 2 | 1 |
| 1, Directions asymptotiques | | — | 1 | 2 |
| | 1 | tg. direct. asympt. — | 2 | 2 |
| 0 | 1 | tg. conjuguées à un triangle | 2 | 1 |
| 1 | 0 | — — | 1 | 2 |
| 3 | 0 | 1 *normale* | 3 | 6 |
| 1, Directions asympt. | | 1 — | 2 | 4 |
| 2 | 1 tg. | 1 — | 6 | 8 |
| 0 | 1 tg. direct. asympt. | 1 — | 4 | 4 |
| 1 | 2 | 1 — | 8 | 6 |
| 0 | 3 | 1 — | 6 | 3 |
| 2 | 0 | 2 — | 9 | 14 |
| 1 | 1 | 2 — | 14 | 14 |
| 0 | 2 | 2 — | 14 | 9 |
| 3 | 0 | *tangentes à une conique* | 6 | 12 |
| A, B, C | 0 | — — passant par A | 4 | 8 |
| A, B, C | 0 | — — — A et B | 2 | 4 |
| A, B, C | 0 | — — tangente à AB | 5 | 10 |
| A, B, C | 0 | — — — AB, AC | 4 | 8 |
| A, B, C | 0 | — — — AB et passant en C | 3 | 6 |
| A, B, C | 0 | — — inscrite à A B C | 3 | 6 |
| 2 | 1 | — — | 12 | 16 |
| A, B | 1 | — — passant par A | 8 | 12 |
| A, B | 1 | — — — A et B (deux séries) | 4 | 8 |
| 1 | 2 | — — | 16 | 12 |
| 1 | *a*, *b* | — — touchant *a* | 12 | 8 |
| 1 | *a*, *b* | — — — *a* et *b* (deux séries) | 8 | 4 |
| 0 | 3 | — — | 12 | 6 |
| 0 | *a*, *b*, *c* | — — — *a* | 8 | 4 |
| 0 | *a*, *b*, *c* | — — touchant *a* et *b* | 4 | 2 |
| 0 | AB, BC, CA | — — passant par A | 10 | 5 |
| 0 | AB, BC, CA | — — — B et C | 8 | 4 |
| 0 | AB, BC, CA | — — — A et touchant BC | 6 | 3 |
| 0 | AB, BC, CA | — — circonscrite à ABC | 6 | 3 |
| 1 | | Foyer F, tangentes à une conique | 16 | 12 |
| 1 | | — — de foyer F (deux séries). | 8 | 4 |
| 0 | 1 | — — | 12 | 6 |
| 0 | *d* | — — touchant *d* | 8 | 4 |

| Éléments donnés Points | Tangentes | | μ | ν |
|---|---|---|---|---|
| — | — | | — | — |
| 0 | 1, | Foyer F, tangentes à une conique de foyer F... | 4 | 2 |
| 0 | 1 | — — passant par F | 10 | 5 |
| 0 | *d* | — — — et touchant *d*. | 6 | 3 |
| 2 | 0 | *contact du* 2e *ordre avec coniq. donnée*.............. | 6 | 12 |
| A, B | 0 | — — tangente à A B...... | 4 | 6 |
| 1 | 1 | — — .................. | 1212 | |
| 0 | 2 | — — .................. | 12 | 6 |
| 0 | 1 foyer F | — .................. | 12 | 6 |
| 0 | **O*a*, O*b*** | — — passant par O ... | 6 | 4 |
| 0 | 1 foyer F | — — F ..... | 6 | 4 |
| 0 | 1 | contact du 2e ordre en 1 p[t] donné avec 1 coniq. donnée.................................. | 2 | 1 |
| 1 | 0 | Contact du 2e ordre en 1 p[t] donné avec 1 coniq. donnée.................................. | 1 | 2 |
| 1 | 0 | Contact du 3e ordre avec 1 conique donnée ....... | 4 | 4 |
| 0 | 1 | — — ...... | 4 | 4 |
| | | — — en 1 p[t] donné. | 1 | 1 |
| 2 | 0 | *bitangentes à une conique* (deux séries) .......... | 4 | 4 |
| 1 | 1 | — — .................. | 4 | 4 |
| 0 | 2 | — — (deux séries).......... | 4 | 4 |
| 0 | Foyer F | — — (deux séries).......... | 4 | 4 |
| A, B | 0 | — — tangente à A B........ | 2 | 2 |
| 0 | O*a*, O*b* | — — passant par O ........ | 2 | 2 |
| 0 | Foyer F | — — — F ........ | 2 | 2 |
| 1 | 0 | { bitg. à 1 coniq. donnée, l'un des points } ...... | 2 | 2 |
| 0 | 1 | { de contact étant donné } ...... | 2 | 2 |
| 0 | 1 | tg. en 1 p[t] donné, bitg. à 1 coniq. donnée ........ | 2 | 2 |
| 0 | 0 | bitangentes à deux coniq. données (trois séries) .. | 6 | 6 |
| 0 | 0 | — — tangentes (deux séries). | 4 | 4 |
| 0 | 0 | — — osculatrices ........... | 2 | 2 |
| 2 | 0 | tangentes à deux coniques données............. | 36 | 56 |
| A, B | 0 | — 1 coniq. passant par A et à 1 coniq. quelconque. | 24 | 40 |
| A, B | 0 | — — A et B — | 12 | 24 |
| A, B | 0 | — — A et B et à 1 coniq. passant par A. | 8 | 16 |
| A, B | 0 | — 2 coniq. passant par A et B (deux séries) ....................... | 4 | 8 |
| B, C | 0 | — 2 coniq. tangentes et passant par B et C ........................... | 2 | 4 |
| 0 | 2 tg. | — 2 coniques ....................... | 56 | 36 |
| 0 | *a*, *b* | touchant 1 coniq. tg. à *a* et 1 conique quelconque | 40 | 24 |
| 0 | *a*, *b* | — — à *a* et *b* et 1 conique quelconque .............. | 24 | 12 |
| 0 | *a*, *b* | — — à *a* et *b* et 1 coniq. tg. à *a*.. | 16 | 8 |
| 0 | *a*, *b* | — 2 coniq. tg. à *a* et *b* (deux séries)..... | 8 | 4 |
| 0 | *a*, *b* | — 2 coniq. tg. et tg. à *a* et *b*........... | 4 | 2 |
| 0 | 1 foyer F, | touchant 1 coniq. de foyer F et 1 coniq. quelconque ............... | 24 | 12 |
| 0 | 1 foyer F, | — 2 coniq. de foyer F (deux séries)...................... | 8 | 4 |
| 0 | 1 foyer F, | — 2 coniq. de foyer F tg. en 1 p[t] A | 4 | 2 |
| 1 | 1 tg. | — 2 coniq. données ........... | 56 | 56 |
| 1 | 0 | — 3 coniq. données ........... | 184 | 224 |
| 0 | 1 | — — ........... | 224 | 184 |

| Éléments donnés | | | | |
|---|---|---|---|---|
| Points | Tangentes | | μ | ν |
| 3 | 0 | *coniques semblables* | 2 | 4 |
| 2 | 1 | — — | 4 | 8 |
| 1 | 2 | — — | 8 | 8 |
| 0 | 3 | — — | 8 | 4 |
| 1 | 1 | tg. en 1 p$^t$ donné, *coniques semblables* | 2 | 4 |
| 0 | 2 | tg. dont 1 en 1 p$^t$ donné, coniq. semblables | 4 | 4 |
| 0 | 0 | coniques semblables conjuguées à un triangle | 2 | 4 |
| 3 | 0 | coniques d'*aire constante* | 3 | 6 |
| 0 | 3 | — — | 6 | 3 |
| 2 | 1 | — — | 6 | 8 |
| 1 | 2 | — — | 8 | 6 |
| 0 | 3 | coniq. *vues d'un point* P *sous un angle droit* | 2 | 1 |
| 3 | 0 | — — | 2 | 4 |
| 2 | 1 | — — | 4 | 4 |
| 1 | 2 | — — | 4 | 2 |
| 0 | 0 | coniq. conjug. à un triangle et vues d'un point P | | |
| 0 | | sous un angle droit | 2 | 1 |
| 0 | 3 | coniq. vues d'un point P sous un angle donné (non droit) | 4 | 2 |
| 3 | 0 | — — | 4 | 8 |
| 2 | 1 | — — | 8 | 8 |
| 1 | 2 | — — | 8 | 4 |
| 0 | 0 | conjug. à un triangle et vues d'un point P sous un angle donné | 4 | 2 |
| 0 | 1, | foyer F, et dont la directrice correspondante à F passe par un point fixe | 2 | 1 |
| 1 | 0 | foyer F — — | 2 | 2 |
| | | foyer F; direct. de F passant par 1 p$^t$ fixe, tg. à 1 coniq. | 8 | 6 |
| | | — — tg. à 1 coniq. de foyer F | 4 | 2 |
| 3 | 0 | 1 axe passant par 1 p$^t$ fixe | 3 | 6 |
| 0 | 3 | — — | 6 | 3 |
| | | — — contact du 2$^e$ ordre en un point donné avec une conique. | 3 | 3 |
| 3 | 0 | 1 axe parallèle à une droite fixe | 1 | 2 |
| 0 | 3 | — — | 4 | 2 |
| | | Contact du 2$^e$ ordre avec 1 coniq. en un point donné et 1 axe parallèle à une droite fixe | 1 | 2 |
| 0 | 3 | 1 foyer décrivant une droite | 6 | 3 |

## Caractéristiques de quelques systèmes de cercles.

| Éléments donnés Points | Tangentes | | $\mu$ | $\nu$ |
|---|---|---|---|---|
| 2 | 0 | ........................................ | 1 | 2 |
| 1 | 1 | ........................................ | 2 | 4 |
| 0 | 2 | (2 séries de caractéristiques $\mu = 2$, $\nu = 2$)........ | 4 | 4 |
| 0 | 1 | tangente en un point donné.................... | 1 | 2 |
| 0 | 0 | connaissant une droite et son pôle............... | 1 | 2 |
| 1 | 0 | conjugués par rapport à deux points............ | 1 | 2 |
| 0 | 1 | — — — ............ | 2 | 4 |
| 1 | 0 | — — droites ............ | 2 | 4 |
| 0 | 1 | — — — ............ | 4 | 4 |
| 1 | 0 | orthogonaux à un cercle........................ | 1 | 2 |
| 0 | 1 | orthogonaux à un cercle........................ | 2 | 4 |
| 0 | 0 | centre donné ................................. | 1 | 1 |
| 1 | 0 | centre sur une droite donnée.................. | 1 | 2 |
| 0 | 1 | — — — ................. | 2 | 2 |
| 1 | 0 | centre décrivant une conique.................. | 2 | 4 |
| 0 | 1 | — — — ................. | 4 | 4 |
| 1 | 0 | tangents à une conique....................... | 6 | 12 |
| Point A | 0 | — — passant par A.......... | 4 | 8 |
| Point F | 0 | — — de foyer F ........... | 4 | 8 |
| 1 | 0 | — à une parabole ..................... | 5 | 10 |
| Point A | 0 | — — passant par A ......... | 3 | 6 |
| Point F | 0 | — — de foyer F ............ | 3 | 6 |
| 1 | 0 | — à un cercle.......................... | 2 | 4 |
| 0 | 1 | — une conique......................... | 12 | 16 |
| 0 | 1 | — un cercle (deux séries de $\mu = 2$, $\nu = 4$). | 4 | 8 |
| 0 | 1 | droite *d* tangents à un cercle tangent à *d*........ | 2 | 4 |
| 0 | 0 | bitangents à une conique (2 séries de caract. $\mu = 2$, $\nu = 2$)............ | 4 | 4 |
| 0 | 0 | — parabole,.................. | 2 | 2 |
| 0 | 0 | Tangents à deux coniques données............. | 36 | 56 |
| 0 | 0 | — un cercle et à une conique.......... | 12 | 24 |
| 0 | 0 | — deux cercles (deux séries).......... | 4 | 8 |
| 0 | 0 | — deux cercles qui se touchent........ | 2 | 4 |
| 1 | 0 | Vus d'un point sous un angle donné............. | 2 | 4 |
| 0 | 0 | Cercles de rayon donné R dont le centre décrit une droite ........................................ | 2 | 2 |
| 0 | 0 | Cercles de rayon R dont le centre décrit une conique | 4 | 4 |
| 0 | 0 | — — un cercle.. | 2 | 4 |
| 1 | 0 | Cercles de rayon R ,......................... | 2 | 4 |
| 0 | 1 | — — (2 séries de $\mu = 2$, $\nu = 2$)..... | 4 | 4 |
| 0 | 0 | Cercles de rayon R tangents à une conique à centre......... | 12 | 16 |
| 0 | 0 | — — parabole...... | 10 | 12 |
| 0 | 0 | — — un cercle (2 séries de $\mu = 2$, $\nu = 4$)... | 4 | 8 |

# LIEUX GÉOMÉTRIQUES

## Notions préliminaires.

**1.** Cet ouvrage s'adressant non seulement aux élèves de mathématiques spéciales, mais encore à ceux de mathématiques élémentaires et plus généralement aux personnes qui ne connaissent de la géométrie analytique que le peu qu'on en trouve dans tous les cours de géométrie, nous rassemblons ici très succinctement les quelques notions que nous supposons acquises au Lecteur.

Une courbe algébrique plane est dite d'ordre $m$ quand, rapportée à deux axes de coordonnées, elle est représentée par une équation d'ordre $m$. Elle rencontre alors une droite quelconque du plan en $m$ points, réels ou imaginaires. Quand nous démontrerons, dans ce qui suit, qu'une courbe a $m$ de ses points, réels ou imaginaires, sur une droite quelconque, nous dirons qu'elle est d'ordre $m$. La courbe d'ordre 1 est la ligne droite; les coniques (ellipse, hyperbole, parabole, cercle) sont du 2$^{e}$ ordre; enfin, pour abréger, on nomme cubiques, quartiques, quintiques, sextiques, les courbes d'ordre 3, 4, 5, 6.

Quand on transforme par polaires réciproques une courbe d'ordre $m$, on en obtient une autre, à laquelle d'un point quelconque du plan on peut mener $m$ tangentes, réelles ou imaginaires (suivant la position du point, un certain nombre de ces tangentes, ou même toutes, peuvent devenir imaginaires). On dit que la courbe obtenue est de classe $m$. Quand dans ce qui suit, nous démontrerons que par un point quelconque du plan passent $m$ tangentes, réelles ou imaginaires, à une courbe C, nous dirons qu'elle est de classe $m$. Le point est une courbe de 1$^{re}$ classe; les coniques sont de 2$^{e}$ classe.

Tous les points à l'infini d'un plan peuvent être considérés comme appartenant à une droite qu'on appelle la *droite de l'infini* du plan. Deux droites parallèles coupent la droite de l'infini au même point.

En considérant les deux faisceaux homographiques engendrés par les côtés O$a$, O$b$ d'un angle de grandeur constante, $a$O$b$, tournant autour de son sommet, on démontre géométriquement que les rayons doubles de ces deux faisceaux (rayons qui sont imaginaires) sont indépendants de la grandeur de l'angle; on leur donne le nom de *droites isotropes* du point O. Le coefficient angulaire $m$ de chacun de ces rayons doubles par rapport à deux axes rectangulaires quelconques menés par O satisfait en effet à la relation $1 + m^2 = 0$. Les droites isotropes coupent par suite la droite de l'infini en deux points I, J, indépendants de O, qu'on appelle les *points cycliques* du plan et qui sont les points doubles des divisions homographiques tracées sur la droite de l'infini par un angle constant $a$ O $b$, de grandeur arbitraire et de sommet arbitraire.

Un cercle quelconque APB passe par les points I, J, car si l'on considère les faisceaux homographiques engendrés par les cordes A P, BP tournant autour de deux de ses points A et B quand P décrit le cercle, elles tracent sur la droite de l'infini deux divisions homographiques dont les points doubles (nº 2) sont les intersections de la droite de l'infini et du cercle APB. Or, si par un point fixe O on mène les parallèles O$a$, O$b$ à AP, BP, elles forment un angle de grandeur constante qui tourne autour de O et dont les côtés décrivent sur la droite de l'infini les mêmes divisions homographiques que AP, B P; les points doubles de ces divisions sont, comme on l'a vu, I et J, donc le cercle APB passe par les points cycliques I et J.

On déduit de ce qui précède qu'une droite isotrope OI fait avec elle-même un angle indéterminé et, en particulier, est perpendiculaire à elle-même. De même, de ce que tous les cercles de centre O passent par les points cycliques I, J, on conclut que la distance de I et J au point O n'est pas infinie, mais est indéterminée, c'est-à-dire peut être considérée comme égale à une longueur quelconque. On sait que le lieu des points d'où l'on voit un segment de droite AB sous un angle donné en sens et en grandeur est un cercle; on en déduit, en considérant les divers cercles passant par A et B, que AB est vu d'un point cyclique sous un angle indéterminé, et que par suite l'angle de deux droites IA, IB passant par un point cyclique I (et dont aucune n'est la droite de l'infini) est indéterminé.

On appelle *foyers* d'une courbe les points de rencontre (réels ou imaginaires) des tangentes qu'on peut mener des points cycliques, I et J, à cette courbe. Une courbe de classe $n$ a $n^2$ foyers, dont $n$ sont réels.

Quand une courbe passe par les points cycliques, on dit qu'elle est circulaire.

Une courbe algébrique a un point double (ou nœud) quand elle passe deux fois par ce point, les tangentes à la courbe en ce point peuvent d'ailleurs être réelles ou imaginaires; lorsqu'elles sont confondues, le point prend le nom de point de rebroussement. Quand la courbe passe $k$ fois par un même point, on dit qu'il est point multiple d'ordre $k$.

Deux coniques se coupent en quatre points, A, B, C, D, réels ou imaginaires. Si deux d'entre eux A, B, viennent à se confondre en A, par exemple, les coniques sont tangentes en A; si en même temps les points C et D viennent à se confondre en C, on dit que les coniques sont bitangentes, la corde de contact étant A C. Si les coniques étant tangentes en A, le point C vient se confondre avec A, les coniques ont un contact du 2e ordre en A; on dit parfois alors qu'elles sont osculatrices en A. Enfin, si les quatre points d'intersection A, B, C, D se confondent en A, les coniques ont un contact du 3e ordre en ce point.

# GÉNÉRALISATION DES THÉORÈMES FONDAMENTAUX DE L'HOMOGRAPHIE. PRINCIPE DE CORRESPONDANCE.

## Applications.

**2. Théorème I.** — *Quand deux faisceaux de droites, de sommets* A *et* B, *sont tels qu'à une droite du premier*, AX, *correspondent* $\beta$ *droites du second, et à une droite du second* $\alpha$ *droites du premier, et que la droite* AB *ne se correspond pas à elle-même dans les deux faisceaux, le lieu des points d'intersection des rayons correspondants est une courbe d'ordre* $\alpha + \beta$ *qui admet le point* A *pour point multiple d'ordre* $\alpha$ *et le point* B *pour point multiple d'ordre* $\beta$, *les* $\alpha$ *tangentes en* A *au lieu étant les droites du premier faisceau qui correspondent à la droite* B A *du second, et les* $\beta$ *tangentes en* B *étant les droites du second faisceau qui correspondent à la droite* AB *du premier.*

Cherchons le nombre des points du lieu situés sur une droite quelconque AX passant par A (*fig.* 1). A la droite AX correspondent $\beta$ droites BX, BX'..., qui coupent AX en $\beta$ points X, X'..., donc il y a sur AX $\beta$ points du lieu autres que le point A et il n'y en a pas d'autres en dehors de A. D'autre part, à la droite BA du second faisceau correspondent $\alpha$ droites AZ, AZ'..., ce qui montre que le point A est point multiple d'ordre $\alpha$ du lieu; d'ailleurs quand le point X du lieu vient en A, la droite AX devient tangente en A, et se confond avec l'une des droites AZ, AZ'..., qui correspondent à BA. On verrait de même que B est point multiple d'ordre $\beta$. Le lieu est donc une courbe d'ordre $\alpha + \beta$ admettant respectivement A et B pour points multiples d'ordres $\alpha$ et $\beta$.

**3.** Les applications du théorème précédent sont extrêmement nombreuses. Quand $\alpha = \beta = 1$, les faisceaux sont homographiques et le lieu est une courbe du 2e ordre, autrement dit une conique; quand $\alpha = 2$, $\beta = 1$, le lieu est une cubique de point double A et qui passe en B, les tangentes en A étant les deux droites qui correspondent à BA. On peut donc énoncer le mode de génération suivant des cubiques à point double :

*Quand deux faisceaux de droites, de sommets* A *et* B, *sont tels qu'à une droite du premier correspond une droite du second et à une droite du second deux droites du premier, le lieu des points d'intersection des rayons correspondants est une cubique de nœud* A, *qui passe par* B *et admet pour tangentes en* A *les deux droites correspondant à* B A.

Si en particulier étant donnée une droite fixe A $y$ on mène par le point fixe B une droite variable coupant A$y$ en un point M, le lieu des points N, N′ de BM tels que MN = MN′ = MA est une cubique circulaire de point double A, dont les tangentes en A sont rectangulaires; on lui a donné le nom de *strophoïde.*

A la droite BM correspondent en effet les deux droites rectangulaires AN, AN′.

Le faisceau des droites de sommet A étant formé de couples de droites rectangulaires a pour rayons doubles les droites isotropes de A, ce qui montre que la courbe est une cubique qui passe par les points cycliques I, J, les tangentes en I et J à la courbe se coupant au point B.

Voici encore trois applications du théorème précédent relatives aux cubiques à point double

I. Si, étant donnés une conique (C), un de ses points O et un point fixe P, on mène par O une corde variable OM, qui coupe (C) en M, le lieu de l'intersection de OM et de la perpendiculaire en P à PM est une cubique de point double O qui passe en P.

II. Si, étant donnés une conique (C), un de ses points O et un point fixe P, on mène par O la corde variable OM, qui rencontre (C) en M, le lieu de l'intersection de PM et de la perpendiculaire en O à OM est une cubique de point double O qui passe en P.

III. Si, étant donnés une conique (C), un de ses points O et deux points fixes P,Q, on mène par O une sécante variable qui coupe (C) en M, puis la corde MN de (C) qui passe par Q, l'intersection de OM et de PN décrit une cubique de point double O passant par P.

En particularisant les points O, P, Q, on obtient facilement des courbes remarquables. Ainsi quand, dans I, (C) est un cercle de centre P, le lieu est une strophoïde; quand, dans II, (C) est un cercle tangent à OP, le lieu est une cissoïde de rebroussement O; quand, dans III, (C) est un cercle de centre Q, P à l'infini dans la direction perpendiculaire à OQ, le lieu est une cissoïde droite dont l'axe est OQ. (La cissoïde est la cubique circulaire à point de rebroussement.)

**4.** Le théorème I suppose que la droite AB ne se correspond pas à elle-même dans les deux faisceaux. Si la droite AB correspond $k$ fois à elle-même dans les deux faisceaux, le lieu, comme on le voit facilement par un raisonnement analogue à celui du début, est une courbe d'ordre $\alpha + \beta - k$ admettant A pour point multiple d'ordre $\alpha - k$, B pour point multiple d'ordre $\beta - k$.

**Théorème II.** — *Quand deux faisceaux de droites de sommets* A *et* B *sont tels qu'à une droite du premier* AX *correspondent* $\beta$ *droites du second et à une droite du second* $\alpha$ *droites du premier et que la droite* AB *se corresponde* k *fois à elle-même dans les deux faisceaux, le lieu des points d'intersection des rayons correspondants est une courbe d'ordre* $\alpha + \beta - \mathrm{k}$ *qui admet* A *et* B *pour points multiples d'ordres respectifs* $\alpha - \mathrm{k}$ *et* $\beta - \mathrm{k}$.

En particulier :

*Le lieu des points d'intersection des rayons correspondants de deux faisceaux de sommets* A, B, *tels qu'à un rayon issu de* A *corresponde un rayon issu de* B *et un seul, qu'à un rayon issu de* B *correspondent deux rayons issus de* A *et deux seulement, et que la droite* AB *se corresponde à elle-même dans les deux faisceaux, est une conique qui passe par* A.

*Le lieu des points d'intersection des rayons correspondants de deux faisceaux de sommets* A, B, *tels qu'à un rayon issu de* A *correspondent deux rayons issus de* B *et à un rayon issu de* B *deux rayons issus de* A *et qu'enfin au rayon* AB *considéré successivement comme appartenant au premier, puis au second faisceau, corresponde deux fois* AB, *est une conique qui ne passe ni en* A *ni en* B.

De ce dernier théorème on déduit par exemple que :

*Le lieu des points d'intersection des tangentes menées de deux points* O, O′ *de la diagonale* AC *aux coniques inscrites au quadrilatère* ABCD *est une conique ; en particulier le lieu des foyers des coniques inscrites à un parallélogramme est une conique.*

Il est facile de donner des théorèmes précédents de multiples applications; nous laisserons ce soin au Lecteur.

**5.** Si on coupe les deux faisceaux de droites de sommets A et B du théorème I par une droite quelconque (L), ils traceront sur (L) deux divisions de points tels qu'à un point de la première correspondent $\beta$ points de la seconde, et à un point de la seconde $\alpha$ points de la première, et les points de la première qui coïncideront avec des points correspondants de la seconde seront les points du lieu du nº 2 situés sur L : il y en aura donc $\alpha + \beta$; ce sont les points doubles de la correspondance. Réciproquement, étant données sur une droite (L) deux séries de points X, Y telles qu'à un point X correspondent $\beta$ points Y, et à un point Y $\alpha$ points X, le lieu des points d'intersection des droites AX, BY qui joignent les points correspondants X et Y à deux points fixes A et B du plan est, d'après le n° 2, une courbe d'ordre $\alpha + \beta$; le nombre des points X qui coïncident avec des points correspondants Y est donc $\alpha + \beta$. On en conclut le théorème suivant, dû à Chasles.

**6. Principe de correspondance.** — *Lorsque sur une droite* L *on a deux séries de points* X, Y, *tels qu'à un point* X *correspondent* $\beta$ *points* Y *et à un point* Y $\alpha$ *points* X, *le nombre des points* X *qui coïncident avec des points correspondants* Y *est* $\alpha + \beta$.

Il est toutefois essentiel de remarquer que si sur la droite L on peut trouver un point M tel que considéré successivement comme appartenant à la série des points X et à la série des points Y, il ait pour homologue $k$ fois ce même point M dans l'autre série, le nombre des points de la série X qui coïncideront avec leurs homologues de la série Y ne sera plus, en dehors de M, que $\alpha + \beta - k$ (n° 3, th. II).

**7.** Par un raisonnement corrélatif, on montrerait de la même manière et avec une restriction analogue que :

*Lorsque par un point* P *passent deux séries de droites* PM, PN *se correspondant algébriquement de manière qu'à une droite* PM *de la première série correspondent* $\alpha$ *droites* PN *de la seconde, et à une droite* PN *de la seconde série* $\beta$ *droites* PM *de la première, le nombre des droites* PM *qui coïncident avec des droites* PN *correspondantes est* $\alpha + \beta$.

Ce dernier théorème, qui sert à établir la classe d'une enveloppe, comme le précédent sert à établir l'ordre d'un lieu, est d'ailleurs une conséquence immédiate de celui-ci.

C'est en se basant sur ces deux théorèmes que Chasles a établi la théorie des caractéristiques, dont nous parlerons plus loin. L'illustre géomètre a démontré le principe de correspondance par l'algèbre; on voit que la démonstration géométrique en est d'une extrême simplicité.

**8. Applications.** — *Cas où le lieu est décrit par un point d'une droite variable* $\delta$. — Dans ce cas, il est souvent inutile d'appliquer le principe de correspondance et plus simple de se borner à compter le nombre de points du lieu situés sur la droite $\delta$ supposée donnée. L'ordre du lieu du point d'intersection de deux droites variables s'obtient fréquemment ainsi. Exemples :

1. *Quand une sécante* OAB *à une conique tourne autour d'un point*

*fixe* O, *le lieu de l'intersection* P *des tangentes aux points* A, B, *où elle rencontre la conique est une droite.* (*C'est la polaire de* O.)

En effet, sur la tangente AP, il n'y a qu'un point du lieu; c'est le point P, intersection de AP et de la tangente BP à la conique au second point B de rencontre de OA et de cette conique. Il ne peut y en avoir d'autre, car d'un point P′ de AP on ne peut mener qu'une seconde tangente P′B′ à la conique, et la droite OB′ qui aboutit à son point de contact B′ ne se confond pas avec OAB.

Ce raisonnement ne peut pas s'appliquer à la recherche du lieu des normales à la conique en A et B, car d'un point P′ de la normale AP on peut mener trois autres normales à la conique (voir n° 29).

2. *Le lieu des sommets des angles constants circonscrits à une conique à centre* C *est une quartique.*

Soit en effet δ une tangente, on peut mener deux tangentes à C faisant avec δ l'angle donné V dans un sens de rotation donné, puis deux tangentes faisant avec δ l'angle V en sens contraire, donc quatre points du lieu sur δ et il ne peut y en avoir d'autres : le lieu est une quartique. Les tangentes à C menées d'un point cyclique font un angle indéterminé (n° 1), donc les points cycliques sont points du lieu, et il n'y en a pas d'autre à l'infini, car l'angle de deux tangentes à C menées d'un point à l'infini autre qu'un point cyclique est nul, puisque C est supposée n'être pas tangente à la droite de l'infini. Si l'angle V est droit, il n'y a plus que deux points du lieu sur δ, donc :

3. *Le lieu des sommets des angles droits circonscrits à une conique à centre est un cercle* (*cercle de Monge, ou cercle orthoptique*).

Quand C est tangente à la droite de l'infini, il n'y a qu'une tangente à C parallèle à une direction donnée, par suite deux tangentes faisant avec δ l'angle V dans un sens et dans l'autre; une seule faisant avec δ un angle droit. Donc :

4. *Le lieu des sommets des angles constants circonscrits à une parabole est une conique.*

5. *Le lieu des sommets des angles droits circonscrits à une parabole est une droite.*

Plus généralement, le lieu des sommets des angles constants circonscrits à une courbe de classe $n$ admettant la droite de l'infini pour tangente multiple d'ordre $t$ est une courbe d'ordre $2(n-t)(n-1)$ admettant les points cycliques pour points multiples d'ordre $(n-t)(n-t-1)$; l'ordre du lieu des sommets des angles droits circonscrits est moitié du précédent.

6. *Le lieu des sommets des angles circonscrits à une conique* S *et traçant sur une droite* D *deux divisions homographiques est une quartique.*

Soit en effet APB l'un de ces angles, coupant D en A et B. Considéré comme appartenant à l'une des divisions, A a pour homologue B; considéré comme appartenant à l'autre division A a pour homologue un point C; les tangentes BP, BP′, CQ, CQ′ à (S) donnent sur AP quatre points du lieu P, P′, Q, Q′, et il n'y en a pas d'autres. Les points doubles des deux divisions homographiques tracées sur D sont points doubles de la quartique. Si la droite D est tangente à S, on ne peut mener de B et C qu'une tangente autre que ABC (ou D), et le lieu est une conique :

7. *Le lieu des sommets des angles circonscrits à une conique* S *et traçant sur une de ses tangentes deux divisions homographiques est une conique.*

On voit de même que :

8. *Le lieu des sommets des angles circonscrits à une conique* S *et interceptant sur une droite* D *une longueur donnée est une quartique; si* D *est tangente à* S, *le lieu est une conique.* (*Agrégation*, 1867.)

9. *Le lieu des sommets des angles circonscrits à une conique* S *et traçant sur une droite* D *deux divisions en involution est une conique qui coupe la droite* D *aux deux points doubles de l'involution; si* D *est tangente à* S, *le lieu est une droite.*

Corrélativement :

*L'enveloppe des cordes interceptées dans une conique* S *par des angles de sommet* O :

10. *Formant deux faisceaux homographiques de sommet* O *est de quatrième classe; si* O *est sur* S, *c'est une conique.*

11. *Formant deux faisceaux involutifs de sommet* O *est une conique. Si* O *est sur* S, *c'est un point.*

En particulier :

*L'enveloppe des cordes d'une conique vues d'un point* O :

12. *Sous un angle donné est de quatrième classe; si* O *est sur la conique, c'est une conique.*

13. *Sous un angle droit est une conique; si* O *est sur la conique, c'est un point* (*théorème de Frégier*).

Quand on cherche le lieu d'un point d'une droite variable O$\delta$ tournant autour d'un point fixe O, le même procédé est le plus souvent applicable, mais il convient de chercher combien de fois le point O est point du lieu. On trouve ainsi que :

14. *La conchoïde d'une conique par rapport à un point quelconque* O *est une courbe du* 8^e^ *ordre admettant* O *pour point quadruple.*

[On appelle conchoïde d'une courbe (S) par rapport à un point O, le lieu des points obtenus en prenant sur toute sécante à (S) issue de O, de chaque côté des points où elle rencontre (S), une longueur donnée *l*.]

Sur une sécante OAB issue de O à la conique (S), il y a, en effet, quatre points du lieu autres que O, et, en traçant le cercle de centre O, de rayon $l$, on voit que les quatre sécantes correspondant aux points d'intersection donnent chacune un point du lieu en O.

On verrait de même que :

15. *Le lieu des projections d'un point quelconque* O *sur les tangentes à une conique (podaire de la conique) est une quartique bicirculaire de point double* O.

16. *L'inverse d'une conique par rapport à un point quelconque* O *est une quartique bicirculaire de point double* O.

17. *Le lieu du point d'intersection des tangentes menées de deux points donnés* P *et* Q *à un système de coniques* ($\mu$, $\nu$) *est une courbe d'ordre* $3\nu$ *admettant* P *et* Q *pour points multiples d'ordre* $\nu$. (Voir th. XXV.)

18. *Le lieu du milieu des cordes d'une conique* (S) *qui passent par un point donné* O *est une conique qui passe en* O.

On trouvera dans le tome I de *Courbes géométriques remarquables*, p. 271 et suivantes, p. 387 et suivantes, ainsi que dans le cours de cet ouvrage, un certain nombre d'applications du principe de correspondance.

Nous allons l'appliquer ici au théorème 1 et à quelques lieux relatifs aux normales à une conique.

Soit une sécante OAB passant par O et coupant une conique S en A et B. Cherchons le lieu de l'intersection P des tangentes en A et B, et par conséquent le nombre de points du lieu situés sur une droite quelconque L. La tangente en A rencontre L en un point T; de T on peut mener deux tangentes TA, $TA_1$ à S; soient B et $B_1$ les seconds points où OA, $OA_1$ rencontrent S, les tangentes en B et $B_1$ coupent L en deux points U, $U_1$ qui correspondent à T. De même à un point U correspondent deux points T, $T_1$. Il y a donc, d'après le principe de correspondance, quatre coïncidences de points T et de points correspondants U sur L; or deux d'entre elles sont données par les intersections de L et des tangentes à S issues de O. Il en reste deux, qui correspondent à un même point du lieu, car si T et U coïncident en un point P de la droite L, $T_1$ et $U_1$ coïncident également en P, donc le point P correspond bien à deux coïncidences et par suite il y a un seul point du lieu sur L; le lieu est une droite.

19. *Le lieu du point de rencontre des normales à une conique* S *aux points* A, B *où elle est coupée par une sécante tournant autour d'un point fixe* O *est une cubique.*

Raisonnement analogue. Le nombre des points du lieu situés sur une droite L est 3. En effet, du point T où la normale en A rencontre L, on peut mener (p. 119) quatre normales TA, $TA_1$, $TA_2$, $TA_3$ à la conique; en joignant leurs pieds A, $A_1$, $A_2$, $A_3$ à O, on obtient quatre sécantes OAB, $OA_1B_1$, $OA_2B_2$, $OA_3B_3$, qui coupent la conique en B, $B_1$, $B_2$, $B_3$; les normales à S en B, $B_1$, $B_2$, $B_3$ rencontrent L en quatre points U, $U_1$, $U_2$, $U_3$ qui correspondent à T. De même, à U correspondent quatre points T, il y a donc sur L huit coïncidences; deux sont données par l'intersection de L et des normales à S aux points de contact des tangentes issues de O. Il reste six coïncidences, qui donnent trois points du lieu, car quand un point T coïncide avec l'un U des points correspondants, deux autres points, $T_1$ et $U_1$ par exemple, coïncident aussi avec T.

Quand la conique S est une parabole, on ne peut lui mener de T que trois normales (p. 119), il n'y a que six coïncidences de points T et U sur L; il faut en déduire deux dues aux normales à S aux points de contact des tangentes issues de O; il en reste quatre, qui donnent deux points du lieu.

20. *Le lieu de l'intersection des normales à une parabole aux points* A, B *où elle est coupée par une sécante tournant autour d'un point fixe* O *est une conique.*

On montrerait de même que :

*Le lieu des sommets des angles :*

21. *Droits dont les côtés sont normaux à une conique est une sextique.*

22. *Droits dont les côtés sont normaux à une parabole est une conique.*

23. *De grandeur donnée* V *dont les côtés sont normaux à une conique est du douzième ordre.*

24. *De grandeur donnée* V *dont les côtés sont normaux à une parabole est une quartique.*

# LIEUX ET ENVELOPPES RELATIFS AUX SYSTÈMES DE CONIQUES

## Caractéristiques d'un système de coniques.

**9.** Quand des coniques sont assujetties à quatre conditions simples, un nombre déterminé $\mu$ d'entre elles passent par un point quelconque du plan, un nombre déterminé $\nu$ d'entre elles touchent une droite quelconque; ces deux nombres portent le nom de caractéristiques du système envisagé. Les propriétés d'un système de coniques dépendent de ses caractéristiques, et pour déterminer celles-ci, Chasles utilisait la remarque que dans un système de coniques de caractéristiques $(\mu, \nu)$, il y a $(2\mu - \nu)$ coniques infiniment aplaties, qui se réduisent à deux points, et $2\nu - \mu$ qui se réduisent à deux droites.

Il est facile de démontrer que le nombre des coniques infiniment aplaties d'un système $(\mu, \nu)$ est égal à $2\mu - \nu$. En effet, le nombre des coniques $(\mu, \nu)$ qui touchent une droite quelconque D est, par définition, égal à $\nu$. Cherchons à le déterminer par le principe de correspondance.

Par un point quelconque M de D passent $\mu$ coniques $(\mu, \nu)$, qui coupent la droite D en $\mu$ points N autres que M, donc à un point M correspondent $\mu$ points N; inversement, à un point N correspondent $\mu$ points M, et par suite le nombre des points où les coniques $(\mu, \nu)$ rencontrent la droite D en deux points confondus est $2\mu$; or, ce nombre comprend le nombre $\nu$ des points de contact de D et des coniques du système qui lui sont tangentes, ainsi que le nombre $h$ des points où les coniques infiniment aplaties rencontrent la droite D; il y a donc $h = 2\mu - \nu$ coniques infiniment aplaties. On démontrerait de même qu'il y a $k = 2\nu - \mu$ coniques réduites à deux droites.

On peut évidemment utiliser ces deux résultats pour déterminer les caractéristiques des systèmes les plus simples de coniques, mais alors il y a lieu de remarquer que chaque conique singulière peut entrer un certain nombre de fois dans le système de coniques considéré; aussi nous semble-t-il préférable de ne pas employer ce procédé pour déterminer les caractéristiques des coniques.

Nous indiquons à la fin de cet ouvrage comment nous avons obtenu les caractéristiques qui figurent au tableau du début. Dans ce qui suit, nous dirons, pour abréger, que le point d'intersection de deux droites formant une conique décomposée est un point double du système ($\mu$, $\nu$) et que la droite qui joint deux points formant une conique décomposée est une droite double du système.

**10.** L'examen des coniques dégénérées permettant la détermination d'un certain nombre de points ou de tangentes des lieux ou des enveloppes rencontrés dans la théorie des caractéristiques et de plus étant nécessaire lorsqu'on veut déduire de cette théorie les propriétés descriptives des coniques, nous indiquons sommairement ces dégénérescences pour les systèmes les plus simples :

Coniques circonscrites à un quadrilatère ABCD : trois coniques réduites à deux droites, (AB, CD); (AC, BD); (AD, BC); aucune conique réduite à deux points.

Coniques circonscrites à un triangle ABC et tangentes à une droite *d* : trois coniques réduites à deux droites, (*a* A, *a* BC), (*b* B, *b* CA), (*c* C, *c* AB), en désignant par *a*, *b*, *c* les points où *d* rencontre BC, CA, AB; ces coniques comptent pour deux dans la formule $2\nu - \mu$. Aucune conique réduite à deux points.

Coniques passant par deux points A, B et tangentes à deux droites O*d*, O*d'*, qui rencontrent AB en *a* et *b* (ces coniques se divisent en deux systèmes) : une conique réduite à deux droites, (OA, OB); une conique réduite à deux points, (*a*, *b*). Ces coniques comptent pour quatre dans les formules $2\nu - \mu$ et $2\mu - \nu$.

Coniques inscrites au quadrilatère ABCD. — Soient M et N les points de rencontre des côtés opposés. On a trois coniques infiniment aplaties formées par les diagonales AC, BD, MN; autrement dit trois coniques réduites à deux points : (A, C), (B, D), (M, N). Aucune conique réduite à deux droites.

Coniques inscrites à un triangle ABC et passant par un point *m*. Soient *a*, *b*, *c* les points où A*m*, B*m*, C*m* rencontrent BC, CA, AB. On a trois coniques réduites à deux points : (A, *a*), (B, *b*), (C, *c*). Ces coniques comptent pour deux dans la formule $2\mu - \nu$. Aucune conique réduite à deux droites.

Coniques tangentes à deux droites OA, OB en deux points A, B. Une conique réduite à deux droites (OA, OB); une conique réduite à deux points (A, B).

Coniques passant par deux points A, B et tangentes à une droite *d* en un point O; deux coniques réduites à deux droites : (OA, OB), qui compte pour deux, et ($Od$, AB). Aucune conique réduite à deux points.

Coniques tangentes à deux droites AB, AC et à la droite BC en un point P; deux coniques réduites à deux points : (B, C), qui compte pour deux, et (A, P). Aucune conique réduite à deux droites.

Nous avons, dans le tableau publié au début, donné les caractéristiques d'un certain nombre de systèmes de coniques assujetties à quatre conditions simples et de cercles satisfaisant à deux conditions.

Par la simple application à ces systèmes des théorèmes établis soit ici, soit dans le tome I des *Courbes géométriques remarquables*, nous allons donner la solution de près de quatorze cents problèmes de lieux et d'enveloppes. Il est facile au lecteur d'en ajouter dans les mêmes conditions un nombre considérable d'autres : il n'aura le plus souvent qu'à formuler les résultats obtenus.

Chaque fois qu'à notre connaissance l'un des problèmes envisagés a été déjà traité par la géométrie analytique, nous l'avons indiqué, sauf toutefois pour quelques-uns qui figurent dans la plupart des cours de géométrie analytique (1).

## I. — LIEUX DE POLES D'UNE DROITE DONNÉE.

**11.** I. — *Le lieu des pôles d'une droite* L *par rapport aux coniques qui appartiennent à un système de caractéristiques* ($\mu$, $\nu$) *est une courbe d'ordre* $\nu$. *Si les coniques* ($\mu$, $\nu$) *passent toutes par un même point* A, *le lieu des pôles d'une droite passant par* A *est une courbe d'ordre* $\nu$ *admettant* A *pour point multiple d'ordre* $\nu : 2$. *Si les coniques* ($\mu$, $\nu$) *passent toutes par deux points fixes, le lieu des pôles de la droite qui joint ces points est d'ordre* $\nu$ : 2. *Si les coniques* ($\mu$, $\nu$) *touchent deux droites* OD, OD′, *le lieu du pôle d'une droite* O$\Delta$ *passant par leur intersection est sa conjuguée* O$\Delta'$ *par rapport à* OD, OD′. (*Courbes géométriques*, p. 260.)

Le pôle d'une droite quelconque par rapport à une conique décomposée en deux droites $Ox$, $Oy$ est le point double O de cette conique, donc le lieu des pôles passe par les points doubles des coniques dégénérées du système. Si les coniques ($\mu$, $\nu$) passent par deux points donnés A, B, le lieu des pôles d'une droite D par rapport aux

(1) Les abréviations Aubert et Papelier ou A. et P., Koehler, Mosnat désignent respectivement les recueils de problèmes de Géométrie analytique d'Aubert et Papelier, Koehler, Mosnat; l'abréviation Salmon se rapporte à l'édition anglaise du Traité des Sections coniques de Salmon, enfin les abréviations I. M., J. M. E., N. A., R. M. S. désignent l'*Intermédiaire des Mathématiciens*, le *Journal de Mathématiques élémentaires*, les *Nouvelles Annales de Mathématiques* et la *Revue de Mathématiques spéciales*.

coniques passe par le conjugué harmonique Q relativement à A et B du point P où la droite D rencontre AB; c'est une conséquence de ce que les polaires de Q par rapport aux coniques qui passent par A et B coupent toutes, par définition, AB au conjugué P de Q relativement à A et B. Enfin, le pôle de la droite D par rapport à une conique réduite à deux points, M, N, est le conjugué harmonique relativement à M et N du point R où D rencontre MN.

Ces remarques donnent immédiatement neuf points de la conique lieu du théorème 1, six points de la quartique lieu du théorème 2, quartique qui a pour points doubles (1) les conjugués, relativement aux sommets du triangle, des points où la droite D rencontre les côtés, etc. Afin de condenser le plus possible, nous laisserons au lecteur le soin d'appliquer ces remarques aux résultats indiqués.

La première partie de l'énoncé du théorème précédent s'obtient en remarquant que la droite L ne peut contenir son pôle que lorsqu'elle est tangente aux coniques ($\mu$, $\nu$). Or, il y a $\nu$ coniques de ce système tangentes à L, donc L coupe le lieu en $\nu$ points et ce lieu est d'ordre $\nu$. (Un raisonnement corrélatif montre que l'enveloppe des polaires d'un point par rapport aux coniques ($\mu$, $\nu$) est une courbe de classe $\mu$.)

Le raisonnement précédent est le seul que mentionnent le *Traité des Sections coniques* de Salmon et le *Traité de Géométrie* de Rouché et de Comberousse, t. II, p. 457 de la 7e édition. Il n'est plus applicable lorsque la droite L passe par un point fixe A *commun* à toutes les coniques ($\mu$, $\nu$).

Pour établir l'ordre du lieu dans ce cas, nous nous sommes basé au tome I des *Courbes géométriques remarquables* sur le théorème suivant :

II. — *Quand les coniques d'un système de caractéristiques* ($\mu$, $\nu$) *passent toutes par un point* A, *le nombre de ces coniques tangentes en* A *à une droite quelconque* A$\delta$ *est* $\nu : 2$.

Cette propriété s'établit en effet, indépendamment de ce qui précède, en s'appuyant sur une formule de Chasles complétée par Halphen. On peut, au contraire, chercher directement par le principe de correspondance l'ordre du lieu des pôles de la droite AL et en déduire le théorème ci-dessus.

Soient P et P′ deux points fixes de la droite AL (*fig.* 2 *a*); cherchons le nombre de pôles de AL situés sur une droite quelconque D. Tout pôle d'une droite AL par rapport à une conique est le point de rencontre des polaires de deux de ses points, P, P′. Il suffit donc de chercher combien il y a sur la droite D de points de rencontre des

(1) Il y a, en effet, deux coniques passant par deux points, tangentes à une droite et admettant un point Q pour pôle d'une droite D.

polaires de P et P' par rapport aux mêmes coniques du système. La polaire M$\delta$ de P par rapport à une conique $(\mu, \nu)$ coupe D en un point M; or de M on peut mener à la courbe enveloppe des polaires de P par rapport aux coniques $(\mu, \nu)$ $\mu$ tangentes, puisque cette courbe est de classe $\mu$ (th. VIII, déjà rencontré précédemment, p. 26). Il y a donc $\mu$ coniques $(\mu, \nu)$ telles que les polaires de P par rapport à ces coniques passent en M; les $\mu$ polaires de P' par rapport à ces $\mu$ coniques coupent D en $\mu$ points N; donc à un point M correspondent $\mu$ points N. Inversement à un point N correspondent $\mu$ points M, par conséquent il y a 2 $\mu$ coïncidences de points M et N; mais il faut en déduire les $2\mu - \nu$ points de rencontre de D et des $2\mu - \nu$ coniques infiniment aplaties du système, il reste ainsi $\nu$ pôles de AL situés sur D.

Le lieu est donc encore d'ordre $\nu$, bien qu'il n'y ait plus $\nu$ coniques du système tangentes à AL.

Désignons maintenant par $x$ le nombre de coniques $(\mu, \nu)$ qui touchent en leur point commun A une droite donnée et cherchons le nombre de pôles de AL autres que A situés sur une droite quelconque AY (*fig.* 2 *b*); il y en a autant que de coniques tangentes en A à AY, c'est-à-dire $x$; d'autre part, le lieu passe en A autant de fois qu'il y a de coniques tangentes en A à AL, c'est-à-dire $x$; comme l'ordre du lieu est $\nu$, on a $2x = \nu$ et $x = \nu : 2$, ce qui démontre la propriété indiquée au théorème II.

Si les coniques $(\mu, \nu)$ passent toutes par deux points A et B, il y a encore $\nu : 2$ coniques tangentes en A à une droite quelconque AY, mais il n'y en a plus aucune tangente en A à AB; le lieu cherché est donc alors d'ordre $\nu : 2$, et ne passe généralement ni en A ni en B.

La dernière partie du théorème I rappelé au début de ce paragraphe est classique.

Lorsque la droite D dont on cherche le lieu des pôles passe par le point double O de l'une des coniques du système qui se réduisent à deux droites, O$x$, O$y$, son pôle par rapport aux deux droites O$x$, O$y$ est indéterminé sur sa conjuguée harmonique OD' par rapport à O$x$, O$y$, le lieu se décompose donc en OD' et une courbe d'ordre maximum égal à $\nu - 1$. Ainsi, le lieu des pôles d'une droite O$\delta$ passant par l'intersection O des côtés opposés AB, CD par rapport aux coniques circonscrites au quadrilatère ABCD est la droite MN qui joint le point de rencontre des diagonales au point de rencontre des côtés opposés AD, BC.

D'après le théorème I il y a $\nu$ coniques $(\mu, \nu)$ telles que le pôle d'une droite quelconque D soit sur une droite donnée L et il y a seulement $\nu : 2$ coniques $(\mu, \nu)$ passant par deux points A, B et telles que le pôle de AB soit situé sur L. Autrement dit :

III. — *Dans un système de coniques* ($\mu$, $\nu$), *il y a en général* $\nu$ *coniques par rapport auxquelles deux droites données sont conjuguées* (1). *Dans un système de coniques* ($\mu$, $\nu$), *passant par deux points* A, B, *il y a* $\nu$ : 2 *coniques conjuguées par rapport à* AB *et à une droite donnée.*

Le théorème VIII montre de même que :

IV. — *Dans un système de coniques* ($\mu$, $\nu$), *il y a en général* $\mu$ *coniques conjuguées par rapport à deux points donnés. Dans un système de coniques* ($\mu$, $\nu$) *tangentes à deux droites données,* OX, OY, *il y a* $\mu$ : 2 *coniques conjuguées par rapport à* O *et à un point donné.*

Ces deux remarques appliquées aux systèmes les plus simples de coniques permettent d'obtenir les caractéristiques que nous avons données dans le tableau du début pour les coniques conjuguées par rapport à deux points ou par rapport à deux droites.

Les théorèmes qui suivent sont des cas particuliers du théorème I; on les en déduit en remplaçant $\nu$ par les valeurs indiquées au tableau du début.

*Le lieu des pôles d'une droite* L *par rapport aux coniques :*

1. Passant par quatre points A, B, C, D est une conique qui passe par le point de rencontre des diagonales et les points de rencontre des côtés opposés du quadrilatère ABCD. ($\nu = 2$.)

2. Passant par trois points et touchant une droite est une quartique. ($\nu = 4$.) (Salmon, p. 268.)

3. Passant par deux points et tangentes à deux droites se compose de deux coniques. (On a $\mu = 4$, $\nu = 4$, mais les coniques se décomposent en deux séries de caractéristiques $\mu = 2$, $\nu = 2$.) (J. M. E., 1911-12, p. 116.)

4. Passant par deux points A, B et touchant deux droites issues d'un point O de A B est une conique. ($\nu = 2$.)

5. Inscrites à un triangle et passant par un point donné est une conique. ($\nu = 2$.) (Salmon, p. 268.)

6. Inscrites à un quadrilatère est une droite. ($\nu = 1$.)

7. Tangentes à deux droites en deux points donnés est une droite. ($\nu = 1$.)

8. Passant par un point et tangentes à deux droites dont l'une en un point donné est une conique. ($\nu = 2$.)

9. Passant par deux points et tangentes à une droite en un point donné est une conique. ($\nu = 2$.) (J. M. E., 1911-12, p. 111.)

(1) Deux droites sont conjuguées par rapport à une conique quand le pôle de l'une est situé sur l'autre; deux points sont conjugués par rapport à une conique quand la polaire de l'un passe par l'autre, enfin un triangle est conjugué par rapport à une conique quand chacun de ses sommets est le pôle du côté opposé par rapport à cette conique.

10. Tangentes à trois droites et touchant l'une d'elles en un point donné est une droite. ($\nu = 1.$)

11. Passant par deux points et *admettant un point* P *pour pôle* d'une droite D est une conique. ($\nu = 2.$)

12. Tangentes à deux droites et admettant un point P pour pôle d'une droite D est une droite. ($\nu = 1.$)

13. Passant par un point, tangentes à une droite et admettant un point P pour pôle d'une droite D est une conique. ($\nu = 2.$) (J. M. E., 1922, p. 128.)

14. Tangentes à une droite en un point donné et admettant un point P pour pôle d'une droite D est une droite. ($\nu = 1.$)

15. Passant par deux points et ayant une *asymptote donnée* est une conique. ($\nu = 2.$)

16. Passant par un point, tangentes à une droite et ayant une asymptote donnée est une conique. ($\nu = 2.$)

17. Tangentes à deux droites et ayant une asymptote donnée est une droite. ($\nu = 1.$)

18. Ayant les deux asymptotes données est une droite ($\nu = 1.$)

19. Passant par deux points et dont le *centre* est *donné* est une conique. ($\nu = 2.$)

20. Tangentes à deux droites et dont le centre est donné est une droite. ($\nu = 1.$)

21. Passant par un point, tangentes à une droite et dont le centre est donné est une conique. ($\nu = 2.$) (J. M. E., 1922, p. 128.)

22. Passant par deux points et ayant un *foyer donné* se compose de deux coniques. (Deux systèmes où $\mu = 2$, $\nu = 2.$)

22 *bis*. Passant par deux points A, B et ayant un foyer donné F situé sur AB est une conique. ($\nu = 2.$)

23. Passant par un point donné, tangentes à une droite donnée et ayant un foyer donné est une conique. ($\nu = 2.$)

24. Tangentes à deux droites et ayant un foyer donné est une droite. ($\nu = 1.$)

25. Tangentes à une droite en un point donné et ayant un foyer donné est une droite. ($\nu = 1.$)

26. Ayant un foyer et la directrice correspondante donnés est une droite. ($\nu = 1.$)

27. Homofocales est une droite. ($\nu = 1.$)

28. Circonscrites à un triangle et *conjuguées par rapport à deux points* est une conique. ($\nu = 2.$)

29. Passant par deux points, tangentes à une droite et conjuguées par rapport à deux points est une quartique. ($\nu = 4.$)

30. Passant par un point, tangentes à deux droites et conjuguées par rapport à deux points est une quartique. ($\nu = 4.$)

31. Inscrites à un triangle et conjuguées par rapport à deux points est une conique. ($\nu = 2.$)

32. Tangentes à deux droites dont l'une en un point donné et conjuguées par rapport à deux points est une conique. ($\nu = 2.$)

33. Passant par un point, tangentes à une droite en un point donné et conjuguées par rapport à deux points est une conique. ($\nu = 2.$)

34. Passant par un point, de centre donné, et conjuguées par rapport à deux points est une conique. ($\nu = 2.$)

35. Tangentes à une droite, de centre donné, et conjuguées par rapport à deux points est une conique. ($\nu = 2.$)

36. Passant par un point, tangentes à deux droites OX, OY et dont la polaire de O passe par un point P est une conique. ($\nu = 2.$)

37. Tangentes à deux droites OX, OY, à une droite $d$ et dont la polaire de O passe par un point P est une droite. ($\nu = 1.$)

38. Inscrites à un triangle et *conjuguées par rapport à deux droites* est une droite. ($\nu = 1.$)

39. Passant par un point, tangentes à deux droites et conjuguées par rapport à deux autres droites est une conique. ($\nu = 2.$)

40. Passant par deux points, tangentes à une droite et conjuguées par rapport à deux autres droites est une quartique. ($\nu = 4.$)

41. Circonscrites à un triangle et conjuguées par rapport à deux droites est une quartique. ($\nu = 4.$)

42. Passant par un point, tangentes à une droite en un point donné et conjuguées par rapport à deux droites est une conique. ($\nu = 2.$)

43. Tangentes à deux droites dont l'une en un point donné et conjuguées par rapport à deux droites est une droite. ($\nu = 1.$)

44. Passant par un point, conjuguées par rapport à deux droites et de centre donné est une conique. ($\nu = 2.$)

45. Tangentes à une droite, conjuguées par rapport à deux droites et de centre donné, est une droite. ($\nu = 1.$)

46. Passant par deux points A, B, tangentes à une droite, et dont le pôle de AB se déplace sur une droite fixe D est une conique. ($\nu = 2.$)

47. Passant par trois points A, B, C et dont le pôle de A B se déplace sur une droite fixe D est une conique. ($\nu = 2.$)

48. Tangentes à trois droites et dont *le centre décrit une droite* est une droite. ($\nu = 1.$)

49. Passant par un point, tangentes à deux droites et dont le centre décrit une droite est une conique. ($\nu = 2.$)

50. Passant par deux points, tangentes à une droite et dont le centre décrit une droite est une quartique. ($\nu = 4.$)

51. Circonscrites à un triangle et dont le centre décrit une droite est une quartique. ($\nu = 4.$)

52. Passant par un point, tangentes à une droite en un point donné et dont le centre décrit une droite est une conique. ($\nu = 2.$)

53. Tangentes à deux droites dont l'une en un point donné et dont le centre décrit une droite est une droite. ($\nu = 1.$)

54. Passant par un point, dont les directions asymptotiques sont données et dont le centre décrit une droite est une conique. ($\nu = 2.$)

55. Tangentes à une droite, dont les directions asymptotiques sont données et dont le centre décrit une droite est une conique. ($\nu = 2.$)

56. Tangentes à une droite et *conjuguées à un triangle* est une droite. ($\nu = 1.$)

57. Passant par un point et conjuguées à un triangle est une conique. ($\nu = 2.$)

58. Passant par trois points et *normales à une droite* donnée est une sextique. ($\nu = 6.$)

59. Passant par un point, de directions asymptotiques données et normales à une droite est une quartique. ($\nu = 4.$)

60. Passant par deux points, tangentes à une droite et normales à une autre droite est du 8e ordre. ($\nu = 8.$)

61. Tangentes à une droite, de directions asymptotiques données et normales à une droite est une quartique. ($\nu = 4.$)

62. Passant par un point, tangentes à deux droites et normales à une autre droite est une sextique. ($\nu = 6.$)

63. Tangentes à trois droites et normales à une autre droite est une cubique. ($\nu = 3.$)

64. Passant par deux points et normales à deux droites est du 14e ordre. ($\nu = 14.$)

65. Passant par un point, tangentes à une droite et normales à deux droites est du 14e ordre. ($\nu = 14.$)

66. Tangentes à deux droites et normales à deux droites est du 9e ordre. ($\nu = 9.$)

67. Passant par trois points et *touchant une conique* donnée est du 12e ordre. ($\nu = 12.$)

68. Passant par trois points A, B, C et touchant une conique donnée passant par l'un d'eux A est du 8e ordre. ($\nu = 8.$)

69. Passant par trois points A, B, C et touchant une conique passant par A et B est une quartique. ($\nu = 4.$)

70. Passant par trois points A, B, C et touchant une conique donnée tangente à AB est du dixième ordre. ($\nu = 10.$)

71. Passant par trois points A, B, C et touchant une conique donnée tangente aux droites AB, AC est du huitième ordre. ($\nu = 8.$)

72. Passant par trois points A, B, C et touchant une conique donnée tangente à AB et passant en C est une sextique. ($\nu = 6.$)

73. Passant par trois points A, B, C et touchant une conique inscrite au triangle A B C est une sextique. ($\nu = 6.$)

74. Passant par deux points, tangentes à une droite et à une conique est du 16ᵉ ordre. ($\nu = 16.$)

75. Passant par deux points A, B, tangentes à une droite et à une conique passant par A est du 12ᵉ ordre. ($\nu = 12.$)

76. Passant par deux points, A, B, tangentes à une droite et à une conique passant par A et B se compose de deux quartiques. ($\nu = 8$, avec deux séries.)

77. Passant par un point, tangentes à deux droites et à une conique est du 12ᵉ ordre. ($\nu = 12.$)

78. Passant par un point, de foyer F, et tangentes à une conique est du 12ᵉ ordre. ($\nu = 12.$)

79. Passant par un point, tangentes à deux droites $a$, $b$ et à une conique tangente à $a$ est du 8ᵉ ordre. ($\nu = 8.$)

80. Passant par un point, tangentes à deux droites $a$, $b$ et à une conique tangente à $a$ et $b$ se compose de deux coniques. ($\nu = 4$ avec deux séries.)

81. Passant par un point, ayant un foyer donné F et touchant une conique de foyer F se compose de deux coniques. ($\nu = 4$ avec deux séries.)

82. Inscrites à un triangle et tangentes à une conique est une sextique. ($\nu = 6.$)

83. Inscrites à un triangle ABC et tangentes à une conique touchant BC est une quartique. ($\nu = 4.$)

84. Inscrites à un triangle ABC et tangentes à une conique touchant deux côtés, AB, AC, est une conique. ($\nu = 2.$)

85. Inscrites à un triangle ABC et tangentes à une conique passant par A est une quintique. ($\nu = 5.$)

86. Inscrites à un triangle ABC et tangentes à une conique passant par B et C est une quartique. ($\nu = 4.$)

87. Inscrites à un triangle ABC et tangentes à une conique passant par A et touchant BC est une cubique. ($\nu = 3.$)

88. Inscrites à un triangle ABC et tangentes à une conique circonscrite à ABC est une cubique. ($\nu = 3.$)

89. Tangentes à une droite, à une conique et ayant un foyer donné F est une sextique. ($\nu = 6.$)

90. De foyer F, tangentes à une droite $d$ et à une conique tangente à $d$ est une quartique. ($\nu = 4.$)

91. Ayant un foyer donné F, tangentes à une droite D et à une conique de foyer F est une conique. ($\nu = 2.$)

92. De foyer F, tangentes à une droite D et à une conique passant par F est une quintique. ($\nu = 5.$)

93. De foyer F, tangentes à une droite D et à une conique passant par F et touchant D est une cubique. ($\nu = 3.$)

94. Passant par deux points A, B et ayant un *contact du 2e ordre* avec une conique donnée est du 12e ordre. ($\nu = 12.$)

95. Passant par deux points A, B et ayant un contact du 2e ordre avec une conique tangente à AB est une sextique. ($\nu = 6.$)

96. Passant par un point, tangentes à une droite et ayant un contact du 2e ordre avec une conique donnée est du 12e ordre. ($\nu = 12.$)

97. Tangentes à deux droites (ou dont un foyer est donné) et ayant un contact du 2e ordre avec une conique donnée est une sextique. ($\nu = 6.$)

98. Tangentes à deux droites O$a$, O$b$ et ayant un contact du 2e ordre avec une conique passant en O est une quartique. ($\nu = 4.$)

99. De foyer F et ayant un contact du 2e ordre avec une conique passant par F est une quartique. ($\nu = 4.$)

100. Tangentes à une droite donnée et ayant un contact du 2e ordre en un point donné avec une conique donnée est une droite. ($\nu = 1.$)

101. Passant par un point donné et ayant un contact du 2e ordre en un point donné avec une conique donnée est une conique. ($\nu = 2.$)

102. Passant par un point donné et ayant un *contact du 3e ordre* avec une conique donnée est une quartique. ($\nu = 4.$)

103. Touchant une droite donnée et ayant un contact du 3e ordre avec une conique donnée est une quartique. ($\nu = 4.$)

104. Ayant un contact du 3e ordre en un point donné avec une conique donnée est une droite. ($\nu = 1.$)

105. Passant par deux points et *bitangentes* à une conique se compose de deux coniques. ($\nu = 4$, avec deux séries.) (Chasles, *Traité des Sections coniques*, p. 348.)

106. Passant par un point, tangentes à une droite et bitangentes à une conique est une quartique. ($\nu = 4.$)

107. Tangentes à deux droites et bitangentes à une conique se compose de deux coniques. ($\nu = 4$, avec deux séries.) (Chasles, *Traité des Sections coniques*, p. 348.)

108. De foyer F, bitangentes à une conique se compose de deux coniques. ($\nu = 4$, avec deux séries.)

109. Passant par deux points A, B et bitangentes à une conique tangente à AB est une conique. ($\nu = 2.$)

110. Tangentes à deux droites O$a$, O$b$ et bitangentes à une conique passant par O est une conique. ($\nu = 2.$)

111. Passant par un point et bitangentes à une conique, l'un des points de contact étant donné, est une conique. ($\nu = 2.$)

112. Tangentes à une droite et bitangentes à une conique, l'un des points de contact étant donné, est une conique. ($\nu = 2.$)

113. Bitangentes à deux coniques données se compose de trois coniques. ($\nu = 6$, avec trois séries.)

114. Passant par deux points donnés et *touchant deux coniques* données est du 56e ordre. ($\nu = 56.$)

115. Passant par deux points A, B, touchant une conique passant par A et une conique quelconque est du 40e ordre. ($\nu = 40.$)

116. Passant par deux points A, B, touchant une conique passant par A et B et une conique quelconque est du 24e ordre. ($\nu = 24.$)

117. Passant par deux points A, B, touchant une conique passant par A et B et une conique passant par A est du 16e ordre. ($\nu = 16.$)

118. Passant par deux points A, B, et touchant deux coniques passant par A et B se compose de deux quartiques. ($\nu = 8$, avec deux séries.)

119. Passant par deux points B, C et touchant deux coniques tangentes en un point A et passant par B et C est une quartique. ($\nu = 4.$)

120. Tangentes à deux droites et à deux coniques est du 36e ordre ($\nu = 36.$)

121. Tangentes à deux droites *a*, *b*, à une conique tangente à *a* et à une conique quelconque est du 24e ordre. ($\nu = 24.$)

122. Tangentes à deux droites *a*, *b*, à une conique tangente à *a* et *b* et à une conique quelconque est du 12e ordre. ($\nu = 12.$)

123. Tangentes à deux droites *a*, *b*, à une conique tangente à *a* et *b* et à une conique tangente à *a* est du 8e ordre. ($\nu = 8.$)

124. Tangentes à deux droites *a*, *b* et à deux coniques tangentes à *a* et *b* se compose de deux coniques. ($\nu = 4$, avec deux séries.)

125. Tangentes à deux droites *a*, *b* et à deux coniques tangentes en A et tangentes à *a* et *b* est une conique. ($\nu = 2.$)

126. De foyer F, touchant une conique de foyer F et une conique quelconque est du 12e ordre. ($\nu = 12.$)

127. De foyer F, touchant deux coniques de foyer F se compose de deux coniques. ($\nu = 4$, avec deux séries.)

128. De foyer F, touchant deux coniques de foyer F tangentes entre elles est une conique. ($\nu = 2.$)

129. Passant par un point donné, touchant une droite donnée, ainsi que deux coniques données est du 56e ordre. ($\nu = 56.$)

130. Passant par un point et touchant trois coniques données est du 224e ordre. ($\nu = 224.$)

131. Tangentes à une droite et à trois coniques données est du 184e ordre. ($\nu = 184.$)

132. *Semblables* circonscrites à un triangle est une quartique. ($\nu = 4.$)

133. Semblables passant par deux points et tangentes à une droite est du 8e ordre. ($\nu = 8.$)

134. Semblables passant par un point et tangentes à deux droites est du 8e ordre. ($\nu = 8.$)

135. Semblables inscrites à un triangle est une quartique. ($\nu = 4.$)

136. Semblables passant par un point et tangentes à une droite en un point donné est une quartique. ($\nu = 4.$)

137. Semblables et touchant deux droites dont l'une en un point donné est une quartique. ($\nu = 4.$)

138. Semblables conjuguées à un triangle est une quartique. ($\nu = 4.$)

139. *D'aire constante* inscrites à un triangle est une cubique. ($\nu = 3.$)

140. D'aire constante circonscrites à un triangle est une sextique. ($\nu = 6.$)

141. D'aire constante passant par deux points et touchant une droite est du 8e ordre. ($\nu = 8.$)

142. D'aire constante passant par un point et touchant deux droites est une sextique. ($\nu = 6.$)

143. Tangentes à trois droites et *vues d'un point* P *sous un angle droit* est une droite. ($\nu = 1.$)

144. Circonscrites à un triangle et vues d'un point P sous un angle droit est une quartique. ($\nu = 4.$)

145. Passant par deux points, tangentes à une droite et vues d'un point P sous un angle droit est une quartique. ($\nu = 4.$)

146. Passant par un point, tangentes à deux droites et vues d'un point P sous un angle droit est une conique. ($\nu = 2.$)

147. Conjuguées à un triangle et vues d'un point P sous un angle droit est une droite. ($\nu = 1.$)

148. Inscrites à un triangle et *vues d'un point* P *sous un angle donné* est une conique. ($\nu = 2.$)

149. Circonscrites à un triangle et vues d'un point P sous un angle donné est du 8e ordre. ($\nu = 8.$)

150. Passant par deux points, tangentes à une droite et vues d'un point P sous un angle donné est du 8e ordre. ($\nu = 8.$)

151. Passant par un point, tangentes à deux droites et vues d'un point P sous un angle donné est une quartique. ($\nu = 4.$)

152. Conjuguées à un triangle et vues d'un point P sous un angle donné est une conique. ($\nu = 2.$)

153. De foyer F, tangentes à une droite et dont la *directrice* correspondante à F *passe par un point fixe*, est une droite. ($\nu = 1.$)

154. De foyer F, passant par un point, et dont la directrice correspondante à F passe par un point fixe est une conique. ($\nu = 2.$)

155. De foyer F, tangentes à une conique, et dont la directrice correspondante à F passe par un point fixe est une sextique. ($\nu = 6.$)

156. De foyer F, dont la directrice correspondante à F passe par un point fixe et qui touchent une conique de foyer F est une conique. ($\nu = 2.$)

157. Circonscrites à un triangle et dont un *axe passe par un point fixe* est une sextique. ($\nu = 6.$)

158. Inscrites à un triangle et dont un axe passe par un point fixe est une cubique. ($\nu = 3.$)

159. Osculatrices à une conique en un point donné et dont un axe passe par un point fixe est une cubique. ($\nu = 3.$)

160. Circonscrites à un triangle et dont un axe est parallèle à une droite fixe est une conique. ($\nu = 2.$)

161. Inscrites à un triangle et dont un axe est parallèle à une droite fixe est une conique. ($\nu = 2.$)

162. Osculatrices à une conique en un point donné et dont un axe est parallèle à une droite fixe est une conique. ($\nu = 2.$)

**12. V.** — *Quand les coniques qui appartiennent à un système de caractéristiques* ($\mu$, $\nu$) *passent par deux points fixes* A, B, *le lieu des pôles de la droite* AB *est une courbe d'ordre* $\nu : 2$.

Nous avons démontré ce théorème précédemment, page 27.

En remplaçant alors $\nu : 2$ par les valeurs que prend cette expression dans les divers systèmes de coniques considérés au tableau, on voit que :

*Le lieu des pôles de la droite* AB *par rapport aux coniques passant par* A, B *et :*

163. Passant par deux points C, D est une droite. ($\nu : 2 = 1.$) (J. M. E., 1911-12, p. 172.)

164. Passant par un point C et tangentes à une droite D est une conique. ($\nu : 2 = 2.$) (Salmon, p. 320.)

165. Touchant deux droites se compose de deux droites. (Deux séries pour lesquelles $\nu : 2 = 1$. Salmon, p. 320, trouve une droite, mais son raisonnement conduit à deux droites.)

166. Touchant deux droites issues d'un point O de AB est une droite.

167. Tangentes à une droite en un point donné est une droite.

168. Admettant un point P pour pôle d'une droite D est une droite.

169. Ayant une asymptote donnée est une droite.

170. De centre donné est une droite.

171. De foyer donné se compose de deux droites. (Deux systèmes

où $\nu : 2 = 1$. Salmon, p. 320, indique une seule droite; c'est une erreur.)

172. Passant par un point C et *conjuguées* par rapport à deux points est une droite.

173. Tangentes à une droite et conjuguées par rapport à deux points est une conique.

174. Tangentes à une droite et conjuguées par rapport à deux autres droites est une conique.

175. Passant par un point C et conjuguées par rapport à deux droites est une conique.

176. Tangentes à une droite et dont le centre décrit une droite est une conique.

177. Passant par un point C et dont le centre décrit une droite est une conique.

178. Passant par un point C et normales à une droite est une cubique.

179. Tangentes à une droite et normales à une droite est une quartique.

180. Normales à deux droites est du 7e ordre.

181. Passant par un point C et *touchant une conique* est une sextique.

182. Passant par un point C et touchant une conique passant en C est une quartique.

183. Passant par un point C et touchant une conique qui passe en A et B est une conique.

184. Passant par un point C et touchant une conique tangente à AB est une quintique.

185. Passant par un point C et touchant une conique tangente à CB, AC est une quartique.

186. Passant par un point C et touchant une conique tangente à AB et passant en C est une cubique.

187. Passant par un point C et touchant une conique inscrite au triangle ABC est une cubique.

188. Tangentes à une droite D et à une conique est du 8e ordre.

189. Tangentes à une droite et à une conique passant en A et B se compose de deux coniques. ($\nu : 2 = 4$, avec deux séries.)

190. Ayant un contact du 2e ordre avec une conique donnée est une sextique.

191. Ayant un contact du 2e ordre avec une conique tangente à AB est une cubique.

192. Bitangentes à une conique se compose de deux droites. ($\nu : 2 = 2$, avec deux séries.)

193. Bitangentes à une conique tangente à AB est une droite.

194. *Touchant deux coniques* données est du 28e ordre.

195. Touchant une conique passant par A et B et une conique quelconque est du 12e ordre.

196. Touchant deux coniques passant par A et B se compose de deux coniques. ($\nu : 2 = 4$, avec deux séries.)

197. Touchant deux coniques passant par A et B, et tangentes en un point T est une conique.

198. Semblables, passant par un point C, est une conique.

199. Semblables, tangentes à une droite, est une quartique.

200. D'aire constante, passant par un point C, est une cubique.

201. D'aire constante, tangentes à une droite, est une quartique.

202. Passant par un point C, vues d'un point P sous un angle droit, est une conique.

203. Tangentes à une droite, vues d'un point P sous un angle droit, est une conique.

204. Passant par un point C, vues d'un point P sous un angle donné, est une quartique.

205. Tangentes à une droite, vues d'un point P sous un angle donné, est une quartique.

## II. — LIEUX DE CENTRES DE CONIQUES.

**13. VI.** — *Le lieu des centres des coniques qui appartiennent à un système de caractéristiques* ($\mu$, $\nu$) *est une courbe d'ordre* $\nu$. *Si les coniques* ($\mu$, $\nu$) *ont toutes une même direction asymptotique, le lieu de leurs centres est une courbe d'ordre* $\nu$ *admettant le point à l'infini commun aux coniques pour point multiple d'ordre* $\nu : 2$. *Si les coniques* ($\mu$, $\nu$) *sont tangentes à deux droites parallèles, le lieu de leurs centres est la parallèle équidistante.* (*Courbes géométriques remarquables*, t. I, p. 261.)

Le théorème VI se déduit du théorème I en remarquant que le centre d'une conique est le pôle de la droite de l'infini.

Le lieu des centres des coniques ($\mu$, $\nu$) passe par les points doubles des coniques ($\mu$, $\nu$) dégénérées en deux droites, par le milieu du segment de droite qui joint les deux points de toute conique ($\mu$, $\nu$) dégénérée en deux points; enfin quand les coniques ($\mu$, $\nu$) passent par deux points donnés A, B, le lieu de leurs centres passe encore au milieu de AB.

Du théorème VI on conclut, en consultant les valeurs de la caractéristique $\nu$ données au tableau, les résultats suivants :

*Le lieu des centres des coniques :*

206. Passant par quatre points est une conique, dite conique des

neuf points, parce qu'elle passe par les six milieux des droites joignant deux quelconques de ces points, par les points de rencontre des côtés opposés et par l'intersection des diagonales. ($\nu = 2.$)

207. Passant par trois points et touchant une droite est une quartique. ($\nu = 4.$) (Pruvost, *Géométrie analytique*, p. 638.)

208. Passant par deux points et tangentes à deux droites se compose de deux coniques. ($\nu = 4$, avec deux séries.) (J. M. E., 1911-12, p. 116, Koehler, p. 203.)

209. Passant par deux points A, B et tangentes à deux droites issues d'un point O de AB est une conique. ($\nu = 2.$)

210. Inscrites à un triangle et passant par un point donné est une conique. ($\nu = 2.$) (N. A., 1903, p. 94.)

211. Inscrites à un quadrilatère est une droite (droite de Newton).

212. Tangentes à deux droites en deux points donnés est une droite.

213. Passant par un point et tangentes à deux droites dont l'une en un point donné est une conique.

214. Passant par deux points et tangentes à une droite en un point donné est une conique. ($\nu = 2.$) (J. M. E., 1911-12, p. 111; A. et P., t. I, p. 245.)

215. Tangentes à trois droites et touchant l'une d'elles en un point donné est une droite. ($\nu = 1.$) (J. M. E., 1911-12, p. 132.)

216. Passant par deux points et *admettant un point* P *pour pôle* d'une droite D est une conique.

217. Tangentes à deux droites et admettant un point P pour pôle d'une droite D est une droite.

218. Passant par un point, tangentes à une droite et admettant un point P pour pôle d'une droite D est une conique. ($\nu = 2.$) (J. M. E., 1922, p. 129.)

219. Tangentes à une droite en un point donné et admettant un point P pour pôle d'une droite D est une droite. ($\nu = 1.$) (A. et P., t. I, p. 249.)

220. Passant par deux points et ayant un *foyer donné* se compose de deux coniques. (Deux systèmes où $\nu = 2$. Ces deux coniques sont d'ailleurs homofocales. A. et P., t. II, p. 378 et J. M. E., 1922, p. 144.)

221. Passant par deux points A, B et ayant un foyer donné F situé sur AB est une conique.

222. Passant par un point donné, tangentes à une droite donnée et ayant un foyer donné est une conique. ($\nu = 2.$) (Koehler, p. 114 et A. et P., t. II, p. 379.)

223. Tangentes à deux droites et ayant un foyer donné est une droite. ($\nu = 1.$) (Salmon, p. 320.)

224. Ayant un foyer donné et tangentes à une droite donnée en un point donné est une droite. ($\nu = 1.$) (R. M. S., 1901, p. 589.)

225. Circonscrites à un triangle et *conjuguées par rapport à deux points* est une conique.

226. Passant par deux points, tangentes à une droite et conjuguées par rapport à deux points est une quartique.

227. Passant par un point, tangentes à deux droites et conjuguées par rapport à deux points est une quartique.

228. Inscrites à un triangle et conjuguées par rapport à deux points est une conique.

229. Tangentes à deux droites dont l'une en un point donné et conjuguées par rapport à deux points est une conique.

230. Passant par un point, tangentes à une droite en un point donné et conjuguées par rapport à deux points est une conique.

231. Passant par un point A, tangentes à deux droites OX, OY, et dont la polaire de O passe par un point fixe P est une conique.

232. Tangentes aux droites OX, OY, à une troisième droite D et dont la polaire de O passe par un point fixe P est une droite.

233. Inscrites à un triangle et *conjuguées par rapport à deux droites* est une droite.

234. Passant par un point, tangentes à deux droites et conjuguées par rapport à deux droites est une conique.

235. Passant par deux points, tangentes à une droite et conjuguées par rapport à deux droites est une quartique.

236. Circonscrites à un triangle et conjuguées par rapport à deux droites est une quartique.

237. Passant par un point, tangentes à une droite en un point donné et conjuguées par rapport à deux droites est une conique.

238. Tangentes à deux droites dont l'une en un point donné et conjuguées par rapport à deux autres droites est une droite.

239. Passant par deux points A, B, tangentes à une droite D et par rapport auxquelles le pôle de AB décrit une droite Δ est une conique.

240. Circonscrites à un triangle ABC et par rapport auxquelles le pôle de AB décrit une droite Δ est une conique.

241. Tangentes à une droite et *conjuguées à un triangle* est une droite.

242. Passant par un point et conjuguées à un triangle est une conique.

243. Passant par trois points et *tangentes à une conique* est du 12$^{e}$ ordre.

244. Passant par trois points A, B, C et tangentes à une conique passant par A est du 8$^{e}$ ordre.

245. Passant par trois points A, B, C et tangentes à une conique passant par A et B est une quartique.

246. Passant par trois points A, B, C et touchant une conique tangente à AB est du 10e ordre.

247. Passant par trois points A, B, C et touchant une conique tangente à AB, AC est du 8e ordre.

248. Passant par trois points A, B, C et touchant une conique tangente à AB et passant en C est une sextique.

249. Passant par trois points A, B, C et touchant une conique inscrite au triangle ABC est une sextique.

250. Passant par deux points, tangentes à une droite et à une conique données est du 16e ordre.

251. Passant par deux points A, B, tangentes à une droite et à une conique passant par A est du 12e ordre.

252. Passant par deux points A, B, tangentes à une droite et à une conique passant par A et B se compose de deux quartiques. (Deux séries où $\nu = 4$.)

253. Passant par un point, tangentes à deux droites et à une conique est du 12e ordre.

254. Passant par un point, tangentes à deux droites $a$, $b$ et touchant une conique tangente à $a$ est du 8e ordre.

255. Passant par un point, tangentes à deux droites $a$, $b$ et touchant une conique tangente à $a$ et $b$ se compose de deux coniques. ($\nu = 4$, avec deux séries.)

256. Inscrites à un triangle et tangentes à une conique est une sextique. ($\nu = 6$.) Cette sextique est de 4e classe et a trois bitangentes. (N. A., 1903, p. 94.)

257. Inscrites à un triangle ABC et tangentes à une conique touchant l'un des côtés, BC, est une quartique.

258. Inscrites à un triangle ABC et tangentes à une conique touchant deux des côtés, AB, AC, est une conique. ($\nu = 2$.) (N. A., 1903, p. 94.)

259. Inscrites à un triangle ABC et tangentes à une conique passant par A est une quintique.

260. Inscrites à un triangle ABC et tangentes à une conique passant par B et C est une quartique.

261. Inscrites à un triangle ABC et tangentes à une conique passant par A et touchant BC est une cubique.

262. Inscrites à un triangle ABC et tangentes à une conique circonscrite à ABC est une cubique.

263. De foyer F, passant par un point et tangentes à une conique est du 12e ordre.

264. De foyer F, passant par un point et tangentes à une conique

de foyer F se compose de deux coniques. ($\nu = 4$, avec deux séries.)

265. Tangentes à une droite, à une conique et ayant un foyer donné F est une sextique.

266. De foyer F, tangentes à une droite *d* et à une conique tangente à *d* est une quartique.

267. De foyer F, tangentes à une droite *d* et à une conique de foyer F est une conique.

268. De foyer F, tangentes à une droite *d* et à une conique passant par F est une quintique.

269. De foyer F, tangentes à une droite *d* et à une conique passant par F et touchant *d* est une cubique.

270. Passant par deux points A et B et ayant un *contact du* 2e *ordre* avec une conique donnée est du 12e ordre.

271. Passant par deux points A et B, et ayant un contact du 2e ordre avec une conique tangente à AB est une sextique.

272. Passant par un point donné, tangentes à une droite fixe et ayant un contact du 2e ordre avec une conique donnée est du 12e ordre.

273. Tangentes à deux droites et ayant un contact du 2e ordre avec une conique donnée est une sextique.

274. De foyer donné et ayant un contact du 2e ordre avec une conique est une sextique. ($\nu = 6$.) (Koehler, p. 303.)

275. Tangentes à deux droites O *a*, O *b* et ayant un contact du 2e ordre avec une conique passant par O est une quartique.

276. De foyer F et ayant un contact du 2e ordre avec une conique passant par F est une quartique.

277. Tangentes à une droite donnée et ayant un contact du 2e ordre en un point donné avec une conique donnée est une droite. ($\nu = 1$.) (A. et P., t. II, p. 391.)

278. Passant par un point donné et ayant un contact du 2e ordre en un point donné avec une conique donnée est une conique.

279. Passant par un point donné et ayant un *contact du* 3e *ordre* avec une conique donnée est une quartique.

280. Touchant une droite donnée et ayant un contact du 3e ordre avec une conique donnée est une quartique.

281. Ayant un contact du 3e ordre en un point donné avec une conique donnée est une droite. ($\nu = 1$.) (N. A., 1891, p. 7.)

282. Passant par deux points et *bitangentes* à une conique se compose de deux coniques. ($\nu = 4$, avec deux séries.)

283. Passant par un point, tangentes à une droite et bitangentes à une conique est une quartique.

284. Tangentes à deux droites et bitangentes à une conique se compose de deux coniques. ($\nu = 4$, avec deux séries.)

285. De foyer donné et bitangentes à une conique se compose de deux coniques. ($\nu = 4$, avec deux séries.)

286. Passant par deux points A, B, et bitangentes à une conique tangente à AB est une conique.

287. Tangentes à deux droites O*a*, O*b* et bitangentes à une conique passant par O est une conique.

288. Passant par un point (ou tangentes à une droite) et bitangentes à une conique donnée, l'un des points de contact étant donné, est une conique.

289. Bitangentes à deux coniques données se compose de trois coniques.

290. Passant par deux points donnés et *touchant deux coniques* données est du 56e ordre.

291. Passant par deux points A, B, touchant une conique passant par A et une conique quelconque est du 40e ordre.

292. Passant par deux points A, B, touchant une conique passant par A et B et une conique quelconque est du 24e ordre.

293. Passant par deux points A, B, touchant une conique passant par A et B, et une conique passant par A est du 16e ordre.

294. Passant par deux points A, B, touchant deux coniques passant par A et B se compose de deux quartiques. ($\nu = 8$, avec deux séries.)

295. Passant par deux points B, C et touchant deux coniques tangentes en un point A et passant par B et C est une quartique.

296. Tangentes à deux droites et à deux coniques données est du 36e ordre.

297. Tangentes à deux droites *a*, *b*, à une conique tangente à *a* et à une conique quelconque est du 24e ordre.

298. Tangentes à deux droites *a*, *b*, à une conique tangente à *a* et *b* et à une conique quelconque est du 12e ordre.

299. Tangentes à deux droites *a*, *b*, à une conique tangente à *a* et *b* et à une conique tangente à *a* est du 8e ordre.

300. Tangentes à deux droites *a*, *b* et à deux coniques tangentes à *a* et *b* se compose de deux coniques. ($\nu = 4$ avec deux séries.)

301. Tangentes à deux droites *a*, *b* et à deux coniques se touchant en un point A et tangentes à *a* et *b* est une conique.

302. De foyer F, touchant une conique de foyer F et une conique quelconque est du 12e ordre.

303. De foyer F et touchant deux coniques de foyer F se compose de deux coniques. ($\nu = 4$, avec deux séries.)

304. De foyer F et touchant deux coniques de foyer F tangentes en un point A est une conique.

305. Passant par un point fixe, touchant une droite donnée et deux coniques données est du 56e ordre.

306. Passant par un point et touchant trois coniques données est du 224e ordre.

307. Tangentes à une droite et à trois coniques données est du 184e ordre.

308. *Semblables,* circonscrites à un triangle est une quartique. ($\nu = 4$.) (Koehler, p. 319.)

309. Semblables, passant par deux points fixes et tangentes à une droite est du 8e ordre.

310. Semblables, passant par un point et tangentes à deux droites est du 8e ordre.

311. Semblables, inscrites à un triangle est une quartique. ($\nu = 4$.) (P. Hendlé, I. M., 1916, p. 120.)

312. Semblables, passant par un point et tangentes à une droite fixe en un point donné est une quartique.

313. Semblables et touchant deux droites dont l'une en un point donné est une quartique.

314. Semblables et conjuguées à un triangle est une quartique. ($\nu = 4$.) (I. M., 1916, p. 120.)

315. *D'aire constante,* inscrites à un triangle est une cubique. ($\nu = 3$.) (I. M., 1913, p. 232.)

316. D'aire constante, circonscrites à un triangle est une sextique. ($\nu = 6$.) (I. M., 1912, p. 272.)

317. D'aire constante, passant par deux points fixes et touchant une droite donnée est du 8e ordre. ($\nu = 8$.) (Koehler, p. 305.)

318. D'aire constante, passant par un point fixe et touchant deux droites données est une sextique. ($\nu = 6$.) (Koehler, p. 305.)

319. Inscrites à un triangle et *vues d'un point* P *sous un angle droit* est une droite.

320. Circonscrites à un triangle et vues d'un point P sous un angle droit est une quartique.

321. Conjuguées à un triangle et vues d'un point P sous un angle droit est une droite. ($\nu = 1$.) (Koehler, p. 246.)

322. Passant par deux points, tangentes à une droite et vues d'un point P sous un angle droit est une quartique.

323. Passant par un point, tangentes à deux droites et vues d'un point P sous un angle droit est une conique.

324. Inscrites à un triangle et *vues d'un point* P *sous un angle* $\theta$ (non droit) est une conique. ($\nu = 2$.) (Agrégation, 1890, Maluski, R. M. S., 1890, p. 8.)

325. Circonscrites à un triangle et vues d'un point P sous un angle $\theta$ est une courbe du 8e ordre.

326. Conjuguées à un triangle et vues d'un point P sous un angle $\theta$ est une conique.

327. Passant par deux points, tangentes à une droite et vues d'un point P sous un angle $\theta$ est une courbe du 8$^e$ ordre.

328. Passant par un point, tangentes à deux droites et vues d'un point P sous un angle $\theta$ est une quartique.

329. Ayant un foyer donné F, tangentes à une droite et dont la *directrice* correspondante à F *passe par un point fixe* est une droite. ($\nu = 1$.) (J. M. E., 1922, p. 146.)

330. Passant par un point, de foyer F et dont la directrice correspondante à F passe par un point fixe est une conique.

331. Circonscrites à un triangle et dont un *axe passe par un point fixe* est une sextique.

332. Inscrites à un triangle et dont un axe passe par un point fixe P est une cubique de nœud P.

333. Ayant un contact du 2$^e$ ordre avec une conique donnée en un point donné et dont un axe passe par un point fixe P est une cubique ayant un nœud en ce point.

334. Circonscrites à un triangle et dont un axe est parallèle à une droite fixe est une conique. ($\nu = 2$.) (A. et P., t. II, p. 344.)

335. Inscrites à un triangle et dont un axe est parallèle à une droite fixe est une conique.

336. Ayant un contact du 2$^e$ ordre avec une conique donnée en un point donné et dont un axe est parallèle à une droite fixe est une conique. ($\nu = 2$.) (R. M. S., 1896-97, p. 38. On trouve une hyperbole équilatère.)

**14.** VII. — *Le lieu des centres des coniques qui appartiennent à un système de caractéristiques* ($\mu$, $\nu$) *et dont les directions asymptotiques réelles ou imaginaires sont données* (*coniques homothétiques*) *est une courbe de l'ordre* $\nu : 2$. *En particulier, le lieu des centres des cercles* ($\mu$, $\nu$) *est de l'ordre* $\nu : 2$. (*Courbes géométriques remarquables*, p. 261.)

Ce théorème se déduit encore du théorème V en remarquant que le centre d'une conique est le pôle de la droite de l'infini.

On en conclut les théorèmes suivants :

*Le lieu des centres des coniques ayant leurs directions asymptotiques données et :*

337. Passant par deux points est une droite. ($\nu : 2 = 1$.) (J. M. E., 1911-12, p. 172.)

338. Passant par un point et touchant une droite est une conique.

339. Tangentes à deux droites se compose de deux droites. ($\nu : 2 = 1$, avec deux séries.) (J. M. E., 1911-12, p. 116.)

340. Tangentes à une droite en un point donné est une droite.

341. Admettant un point P pour pôle d'une droite D est une droite.

342. Ayant un foyer donné se compose de deux droites. (Deux séries où $\nu : 2 = 1$.) (R. M. S., 1896, p. 385.)

343. Passant par un point donné et conjuguées par rapport à deux points est une droite.

344. Tangentes à une droite et conjuguées par rapport à deux points est une conique.

345. Tangentes à une droite et conjuguées par rapport à deux droites est une conique.

346. Passant par un point et conjuguées par rapport à deux droites est une conique.

347. Passant par un point et *tangentes à une conique* est une sextique. ($\nu : 2 = 6$.) (Koehler, p. 123.)

348. Passant par un point A et tangentes à une conique passant en A est une quartique.

349. Passant par un point A et tangentes à une conique ayant mêmes directions asymptotiques qu'elles est une conique.

350. Passant par un point A et touchant une parabole est une quintique.

351. Passant par un point A et touchant une conique tangente aux directions asymptotiques A B, A C est une quartique.

352. Passant par un point A et touchant une parabole qui passe en A est une cubique.

353. Passant par un point A et touchant une parabole tangente aux directions asymptotiques A B, A C est une cubique.

354. Tangentes à une droite et à une conique données est du 8e ordre.

355. Tangentes à une droite et à une conique ayant mêmes directions asymptotiques qu'elles se compose de deux coniques. (Deux séries où $\nu : 2 = 2$.)

356. Ayant un contact du 2e ordre avec une conique donnée est une sextique. ($\nu : 2 = 6$.) (Koehler, p. 134.)

357. Ayant un contact du 2e ordre avec une parabole donnée est une cubique.

358. Bitangentes à une conique se compose de deux droites. ($\nu : 2 = 2$, avec deux séries.)

359. Bitangentes à une parabole est une droite.

360. Touchant *deux coniques* données est du 28e ordre.

361. Touchant une conique de mêmes directions asymptotiques qu'elles et une conique quelconque est du 12e ordre.

362. Touchant deux coniques ayant toutes deux mêmes direc-

tions asymptotiques qu'elles se compose de deux coniques. (Deux séries où $\nu : 2 = 2$.)

363. Touchant deux coniques tangentes et ayant mêmes directions asymptotiques qu'elles est une conique.

364. Passant par un point donné et vues d'un point P sous un angle droit est une conique.

365. Tangentes à une droite et vues d'un point P sous un angle droit est une conique.

366. Passant par un point donné et vues d'un point P sous un angle $\theta$ donné (non droit) est une quartique.

367. Tangentes à une droite et vues d'un point P sous un angle donné $\theta$ est une quartique.

## III. — ENVELOPPES DES POLAIRES D'UN POINT.

**15.** VIII. — *L'enveloppe des polaires d'un point* P *par rapport aux coniques qui appartiennent à un système de caractéristiques* ($\mu$, $\nu$) *est une courbe de classe* $\mu$. *Si les coniques* ($\mu$, $\nu$) *sont toutes tangentes à une même droite* D, *l'enveloppe des polaires d'un point quelconque de cette droite est une courbe de classe* $\mu$ *admettant la droite pour tangente multiple d'ordre* $\mu : 2$. *Si les coniques* ($\mu$, $\nu$) *passent par deux points* A, B, *les polaires d'un point quelconque* M *de* AB *passent par le conjugué harmonique* M' *de* M *par rapport à* A *et* B. (*Courbes géométriques*, t. I, p. 261.)

La dernière partie de cet énoncé est classique. Les autres s'établissent par des raisonnements corrélatifs de ceux qui nous ont donné le théorème I : on remarque que les tangentes menées de P à l'enveloppe sont les tangentes en P aux $\mu$ coniques ($\mu$, $\nu$) qui passent en ce point. Et en établissant la deuxième partie par un raisonnement corrélatif de celui qui nous a conduit au théorème II, on est amené au théorème suivant :

IX. — *Quand les coniques d'un système de caractéristiques* ($\mu$, $\nu$) *sont toutes tangentes à une droite* D, *le nombre de ces coniques qui passent par un point quelconque* A *de* D *est* $\mu : 2$.

L'enveloppe des polaires d'un point quelconque P est tangente aux droites doubles qui forment le support des coniques du système réduites à deux points; si les coniques ($\mu$, $\nu$) touchent deux droites O$x$, O$y$, ou si le couple de droites O$x$, O$y$ représente une conique du système dégénérée en deux droites, l'enveloppe est encore tangente à la conjuguée harmonique de OP par rapport à O$x$ et O$y$.

Ces remarques donnent immédiatement neuf tangentes de la conique du théorème 373; ce sont les diagonales AC, BD, la droite

E F qui joint les points de concours E, F, des côtés opposés EAB, EDC et FBC, FAD, les conjuguées harmoniques de PA, PB, PC, PD, PE, PF respectivement par rapport aux couples de droites (AB, AD), (BA, BC), (CB, CD), (DC, DA), (EA, ED), (FA, FB).

Si le point P dont on cherche l'enveloppe des polaires est sur l'une des coniques du faisceau réduites à deux points M, N, sa polaire par rapport à cette conique est une droite indéterminée passant par le conjugué harmonique P′ de P relativement à M et N, l'enveloppe cherchée se décompose donc en P′ et une courbe de classe au plus égale à $\mu - 1$. Ainsi, les polaires d'un point P de la diagonale AC par rapport aux coniques inscrites dans le quadrilatère ABCD sont concourantes.

Le théorème VIII, énoncé au début de ce paragraphe, donne comme cas particuliers les propositions suivantes :

*L'enveloppe des polaires d'un point* P *par rapport aux coniques :*

368. Passant par quatre points fixes est un point; autrement dit les polaires de P sont concourantes. ($\mu = 1$.)

369. Circonscrites à un triangle et touchant une droite est une conique. ($\mu = 2$.) (R. M. S., 1896, p. 355.)

370. Passant par deux points et tangentes à deux droites se compose de deux coniques. (Deux séries pour lesquelles $\mu = 2$.)

371. Passant par deux points A, B et tangentes à deux droites issues d'un point O de AB est une conique.

372. Inscrites à un triangle et passant par un point donné est de 4e classe.

373. Inscrites à un quadrilatère ABCD est une conique.

374. Tangentes à deux droites données en deux points donnés est un point; autrement dit les polaires de P sont concourantes.

375. Passant par un point et tangentes à deux droites dont l'une en un point donné est une conique.

376. Passant par deux points et tangentes à une droite en un point donné est un point.

377. Inscrites à un triangle et touchant l'un des côtés en un point donné est une conique.

378. Passant par deux points et *admettant un point* M *pour pôle* d'une droite donnée D est un point.

379. Tangentes à deux droites et admettant un point M pour pôle d'une droite D est une conique.

380. Passant par un point, tangentes à une droite et admettant un point M pour pôle d'une droite D est une conique. ($\mu = 2$.) (J. M. E., 1922, p. 129.)

381. Tangentes à une droite en un point donné et admettant un point M pour pôle d'une droite D est un point.

382. Passant par deux points et ayant une *asymptote donnée* est un point.

383. Passant par un point, touchant une droite et ayant une asymptote donnée est une conique.

384. Touchant deux droites et ayant une asymptote donnée est une conique.

385. Ayant les deux asymptotes données est un point.

386. Passant par deux points et ayant leur *centre donné* est un point.

387. Tangentes à deux droites et ayant leur centre donné est une conique.

388. Passant par un point, tangentes à une droite et dont le centre est donné est une conique. ($\mu = 2$.) (J. M. E., 1922, p. 129.)

389. Passant par deux points et ayant un *foyer donné* se compose de deux coniques. (2 séries de $\mu = 2$.)

390. Passant par deux points A, B et ayant un foyer donné F sur AB est une conique.

391. Passant par un point, tangentes à une droite et ayant un foyer donné est de 4$^e$ classe.

392. Tangentes à une droite en un point donné et ayant un foyer donné est une conique.

393. Tangentes à deux droites et ayant un foyer donné est une conique.

394. Ayant un foyer et la directrice correspondante donnés est un point.

395. Homofocales est une conique. ($\mu = 2$.) (Koehler, p. 101; A. et P., t. II, p. 387.)

396. Circonscrites à un triangle et *conjuguées par rapport à deux points* est un point.

397. Passant par deux points, tangentes à une droite et conjuguées par rapport à deux points est une conique.

398. Passant par un point, tangentes à deux droites et conjuguées par rapport à deux points est de 4$^e$ classe.

399. Inscrites à un triangle et conjuguées par rapport à deux points est de 4$^e$ classe.

400. Tangentes à deux droites dont l'une en un point donné et conjuguées par rapport à deux points est une conique.

401. Passant par un point, tangentes à une droite en un point donné et conjuguées par rapport à deux points est un point.

402. Passant par un point, conjuguées par rapport à deux points et de centre donné est un point.

403. Tangentes à une droite, conjuguées par rapport à deux points et de centre donné est une conique.

404. Passant par un point, tangentes à deux droites OX, OY et telles que la polaire de O passe par un point fixe est une conique.

405. Tangentes à deux droites OX, OY, à une droite $d$ et telles que la polaire de O passe par un point M est une conique.

406. Inscrites à un triangle et *conjuguées par rapport à deux droites* est une conique.

407. Passant par un point, tangentes à deux droites et conjuguées par rapport à deux autres droites est de 4e classe.

408. Passant par deux points, tangentes à une droite et conjuguées par rapport à deux autres droites est de 4e classe.

409. Circonscrites à un triangle et conjuguées par rapport à deux droites est une conique.

410. Passant par un point, tangentes à une droite en un point donné et conjuguées par rapport à deux droites est une conique.

411. Tangentes à deux droites dont l'une en un point donné et conjuguées par rapport à deux droites est une conique.

412. Passant par deux points A, B, tangentes à une droite D et par rapport auxquelles le pôle de AB décrit une droite Δ est une conique.

413. Circonscrites à un triangle ABC et telles que le pôle de AB décrive une droite D est un point.

414. Inscrites à un triangle et dont le *centre décrit une droite* est une conique.

415. Passant par un point, tangentes à deux droites et dont le centre décrit une droite est de 4e classe.

416. Passant par deux points, tangentes à une droite et dont le centre décrit une droite est de 4e classe.

417. Circonscrites à un triangle et dont le centre décrit une droite est une conique.

418. Passant par un point, tangentes à une droite en un point donné et dont le centre décrit une droite est une conique.

419. Tangentes à deux droites dont l'une en un point donné et dont le centre décrit une droite est une conique.

420. Tangentes à une droite, dont les directions asymptotiques sont données et dont le centre décrit une droite est une conique.

421. Passant par un point, dont les directions asymptotiques sont données et dont le centre décrit une droite est un point.

422. Tangentes à une droite et *conjuguées à un triangle* est une conique.

423. Passant par un point et conjuguées à un triangle est un point.

424. Circonscrites à un triangle et *normales à une droite* est de 3e classe.

425. Passant par un point, de directions asymptotiques données et normales à une droite est une conique.

426. Passant par deux points, tangentes à une droite et normales à une autre droite est de 6e classe.

427. De directions asymptotiques données, tangentes à une droite et normales à une autre droite est de 4e classe.

428. Passant par un point, tangentes à deux droites et normales à une autre droite est de 8e classe.

429. Inscrites à un triangle et normales à une droite est de 6e classe.

430. Passant par deux points à distance finie et normales à deux droites est de 9e classe.

431. Passant par un point, tangentes à une droite et normales à deux droites est de 14e classe.

432. Tangentes à deux droites et normales à deux autres droites est de 14e classe.

433. Circonscrites à un triangle et *touchant une conique* donnée est de 6e classe.

434. Circonscrites au triangle ABC et touchant une conique passant par A est de 4e classe.

435. Circonscrites au triangle ABC et touchant une conique passant par A et B est une conique.

436. Circonscrites au triangle ABC et touchant une conique tangente à A B est de 5e classe.

437. Circonscrites au triangle ABC et touchant une conique tangente à A B et à A C est de 4e classe.

438. Circonscrites au triangle ABC et touchant une conique tangente à A B et passant en C est de 3e classe.

439. Circonscrites au triangle ABC et touchant une conique inscrite à ABC est de 3e classe.

440. Passant par deux points, tangentes à une droite et à une conique est de 12e classe.

441. Passant par deux points, A, B, tangentes à une droite et à une conique passant par A et B se compose de deux coniques. ($\mu = 4$, avec deux séries de $\mu = 2$.)

442. Passant par un point, tangentes à deux droites et à une conique est de 16e classe.

443. Passant par un point, tangentes à deux droites *a*, *b* et tangentes à une conique touchant *a* et *b* se compose de deux courbes de 4e classe. ($\mu = 8$, avec deux séries.)

444. Inscrites à un triangle et touchant une conique est de 12e classe.

445. Inscrites à un triangle et touchant une conique tangente à l'un de ses côtés est de 8e classe.

446. Inscrites à un triangle et touchant une conique tangente à deux de ses côtés est de 4e classe.

447. Inscrites à un triangle ABC et touchant une conique passant par A est de 10e classe.

448. Inscrites à un triangle ABC et touchant une conique passant par B et C est de 8e classe.

449. Inscrites à un triangle ABC et touchant une conique passant par A et tangente à BC est de 6e classe.

450. Inscrites à un triangle ABC et touchant une conique circonscrite à ABC est de 6e classe.

451. De foyer F, passant par un point et tangentes à une conique est de 16e classe.

452. De foyer F, passant par un point et tangentes à une conique de foyer F se compose de deux courbes de 4e classe. ($\mu = 8$, avec deux séries.)

453. De foyer F, tangentes à une droite et à une conique est de 12e classe.

454. De foyer F, tangentes à une droite $d$ et à une conique tangente à $d$ est de 8e classe.

455. De foyer F, tangentes à une droite et à une conique de foyer F est de 4e classe.

456. De foyer F, tangentes à une droite et à une conique passant par F est de 10e classe.

457. De foyer F, tangentes à une droite $d$ et à une conique passant par F et touchant $d$ est de 6e classe.

458. Passant par deux points et ayant un *contact du* 2e *ordre* avec une conique donnée est de 6e classe.

459. Passant par un point, touchant une droite et ayant un contact du 2e ordre avec une conique donnée est de 12e classe.

460. Tangentes à deux droites et ayant un contact du 2e ordre avec une conique donnée est de 12e classe.

461. Tangentes à deux droites O$a$, O$b$ et ayant un contact du 2e ordre avec une conique passant en O est de 6e classe.

462. Tangentes à une droite et ayant un contact du 2e ordre en un point donné avec une conique est une conique.

463. Passant par un point et ayant un contact du 2e ordre en un point donné avec une conique est un point.

464. Passant par un point (ou tangentes à une droite) et ayant un *contact du* 3e *ordre* avec une conique donnée est de 4e classe.

465. Ayant un contact du 3e ordre en un point donné avec une conique donnée est un point.

466. Passant par deux points et *bitangentes* à une conique se compose de deux coniques. ($\mu = 4$, avec deux séries.)

467. Tangentes à deux droites (ou ayant un foyer donné) et bitangentes à une conique se compose de deux coniques. ($\mu = 4$, avec deux séries.)

468. Passant par deux points A, B et bitangentes à une conique tangente à AB est une conique.

469. Tangentes à deux droites F*a*, F*b* (ou ayant un foyer donné F) et bitangentes à une conique passant par F est une conique.

470. Passant par un point (ou tangentes à une droite) et bitangentes à une conique donnée, l'un des points de contact étant donné, est une conique.

471. Tangentes à une droite en un point donné et bitangentes à une conique donnée est une conique.

472. Bitangentes à deux coniques données se compose de trois coniques. ($\mu = 6$, avec trois séries de $\mu = 2$.)

473. Passant par deux points donnés et *touchant deux coniques* données est de 36^e classe.

474. Passant par deux points A, B, touchant une conique passant par A et B, et une conique quelconque est de 12^e classe.

475. Passant par deux points A, B, touchant deux coniques passant par A et B se compose de deux coniques. ($\mu = 4$, avec deux séries.)

476. Passant par deux points B, C, et touchant deux coniques passant par B et C et tangentes en un point A est une conique.

477. Touchant deux droites et deux coniques données est de 56^e classe.

478. Touchant deux droites *a*, *b*, une conique tangente à *a* et *b*, et une conique quelconque est de 24^e classe.

479. Touchant deux droites *a*, *b* (ou de foyer donné F) et deux coniques tangentes à *a* et *b* (ou de foyer F) se compose de deux courbes de 4^e classe. ($\mu = 8$, avec deux séries.)

480. Touchant deux droites *a*, *b* (ou de foyer donné F) et deux coniques qui se touchent en un point A et sont tangentes à *a* et *b* (ou de foyer F) est de 4^e classe.

481. Passant par un point, tangentes à une droite et touchant deux coniques est de 56^e classe.

482. Passant par un point et touchant trois coniques données est de 184^e classe.

483. Touchant une droite et trois coniques données est de 224^e classe.

484. *Semblables*, circonscrites à un triangle est une conique.

485. Semblables, passant par deux points et tangentes à une droite est de 4^e classe.

486. Semblables, passant par un point et touchant deux droites est de 8^e classe.

487. Semblables, inscrites à un triangle est de 8e classe.

488. Semblables, passant par un point et tangentes à une droite en un point donné est une conique.

489. Semblables, tangentes à deux droites dont l'une en un point donné est de 4e classe.

490. Semblables, conjuguées à un triangle est une conique.

491. *D'aire constante*, inscrites à un triangle est de 6e classe.

492. D'aire constante, circonscrites à un triangle est de 3e classe.

493. D'aire constante, passant par deux points et tangentes à une droite est de 6e classe.

494. D'aire constante, passant par un point, tangentes à deux droites est de 8e classe.

495. Inscrites à un triangle et *vues d'un point* P *sous un angle droit* est une conique.

496. Circonscrites à un triangle et vues d'un point P sous un angle droit est une conique.

497. Passant par deux points, tangentes à une droite et vues d'un point P sous un angle droit est de 4e classe.

498. Passant par un point, tangentes à deux droites et vues d'un point P sous un angle droit est de 4e classe.

499. Conjuguées à un triangle et vues d'un point P sous un angle droit est une conique.

500. Inscrites à un triangle et *vues d'un point* P *sous un angle donné* $\theta$ (non droit) est de 4e classe.

501. Circonscrites à un triangle et vues d'un point P sous un angle donné $\theta$ est de 4e classe.

502. Passant par deux points, tangentes à une droite et vues d'un point P sous un angle donné $\theta$ est de 8e classe.

503. Passant par un point, tangentes à deux droites et vues d'un point P sous un angle donné est de 8e classe.

504. Conjuguées à un triangle et vues d'un point P sous un angle donné est de 4e classe.

505. De foyer F, passant par un point (ou tangentes à une droite) et dont la directrice correspondante à F passe par un point fixe est une conique.

506. Circonscrites à un triangle et dont un axe est parallèle à une droite fixe est un point.

507. Ayant un contact du 2e ordre avec une conique en un point donné et dont un axe est parallèle à une droite fixe est un point.

**16. X.** — *Quand les coniques qui appartiennent à un système de caractéristiques* $(\mu, \nu)$ *touchent deux droites fixes* $Ox$, $Oy$, *l'enveloppe* *des polaires du point O est une courbe de classe* $\mu : 2$. (*Courbes géométriques*, t. I, p. 261.)

Ce théorème se démontre par un raisonnement corrélatif de celui qui a donné le théorème V, p. 36.

On en conclut que :

*L'enveloppe des polaires du point d'intersection des droites a, b par rapport aux coniques tangentes à a, b et :*

508. Tangentes aux droites $c$, $d$ est un point. ($\mu : 2 = 1$.)

509. Passant par deux points se compose de deux points. (Deux séries pour lesquelles $\mu : 2 = 1$.)

510. Passant par deux points en ligne droite avec l'intersection de $a$, $b$ est un point. ($\mu : 2 = 1$.)

511. Tangentes à une 3e droite $c$ et passant par un point donné est une conique.

512. Tangentes à une 3e droite $c$ en un point donné est un point.

513. Admettant un point P pour pôle d'une droite D est un point.

514. Dont le centre est donné est un point.

515. Ayant un foyer donné est un point.

516. Ayant une asymptote donnée est un point.

517. Passant par un point et conjuguées par rapport à deux points est une conique.

518. Tangentes à une droite $c$ et conjuguées par rapport à deux points est une conique.

519. Tangentes à une droite $c$ et conjuguées par rapport à deux droites est un point.

520. Passant par un point et conjuguées par rapport à deux droites est une conique.

521. Tangentes à une droite et dont le centre décrit une droite est un point.

522. Passant par un point et dont le centre décrit une droite est une conique.

523. Passant par un point et normales à une droite est de 4e classe.

524. Tangentes à une droite et normales à une autre droite est de 3e classe.

525. Normales à deux droites est de 7e classe.

526. Passant par un point et *touchant une conique* donnée est de 8e classe.

527. Passant par un point et touchant une conique tangente à $a$ et $b$ se compose de deux coniques. ($\mu : 2 = 4$, mais il y a deux séries.)

528. Tangentes à une droite et touchant une conique donnée est de 6e classe.

529. Tangentes à une droite $c$ et touchant une conique tangente à $c$ est de 4e classe.

530. Tangentes à une droite $c$ et touchant une conique tangente à $a$ et $b$ est une conique.

531. Tangentes à une droite $c$ et touchant une conique passant par l'intersection de $a$ et de $b$ est de 5e classe.

532. Tangentes à une droite $c$ et touchant une conique passant par les points où $c$ rencontre $a$ et $b$ est de 4e classe.

533. Tangentes à une droite $c$ et touchant une conique tangente à $c$ et passant par l'intersection de $a$ et $b$ est de 3e classe.

534. Tangentes à une droite $c$ et touchant une conique circonscrite au triangle des droites $a$, $b$, $c$ est de 3e classe.

535. Ayant un contact du 2e ordre avec une conique donnée est de 6e classe.

536. Ayant un contact du 2e ordre avec une conique donnée passant par l'intersection O de $a$ et $b$ est de 3e classe.

537. Bitangentes à une conique se compose de deux points. ($\mu : 2 = 2$, mais il y a deux séries.)

538. Bitangentes à une conique passant par l'intersection O de $a$ et $b$ est un point.

539. Touchant deux coniques données est de 28e classe.

540. Touchant une conique quelconque et une conique tangente à $a$ et $b$ est de 12e classe.

541. Touchant deux coniques tangentes à $a$ et $b$ se compose de deux coniques. ($\mu : 2 = 4$, avec deux séries.)

542. Touchant deux coniques qui se touchent et sont tangentes à $a$ et $b$ est une conique.

543. Semblables et passant par un point est de 4e classe.

544. Semblables et tangentes à une 3e droite $c$ est de 4e classe.

545. D'aire constante et tangentes à une 3e droite $c$ est de 3e classe.

546. D'aire constante et passant par un point est de 4e classe.

547. Tangentes à une droite et vues d'un point P sous un angle droit est un point.

548. Passant par un point et vues d'un point P sous un angle droit est une conique.

549. Tangentes à une droite et vues d'un point P sous un angle donné $\theta$ (non droit) est une conique.

550. Passant par un point et vues d'un point P sous un angle donné $\theta$ est de 4e classe.

551. Tangentes à une droite et dont un axe est parallèle à une droite fixe est une conique.

552. Tangentes à une droite et dont un axe passe par un point fixe à distance finie est de 3e classe.

## IV. — ENVELOPPES DE DIRECTRICES DE FOYER DONNÉ.

**17.** Les coniques de foyer donné F sont tangentes aux droites isotropes FI, FJ qui joignent F aux points cycliques, et la polaire de F est la directrice correspondante. On peut donc énoncer le théorème suivant :

XI. — *Quand les coniques* ($\mu$, $\nu$) *ont un foyer donné* F, *l'enveloppe de la directrice correspondante à ce foyer est une courbe de classe* $\mu : 2$.

*L'enveloppe des directrices correspondant au foyer* F *par rapport aux coniques de foyer* F :

553. Tangentes à deux droites est un point. ($\mu : 2 = 1$.) (R. M. S., 1896, p. 364.)

554. Passant par deux points donnés A, B se compose de deux points (deux séries pour lesquelles $\mu : 2 = 1$). Les deux points sont sur AB. (R. M. S., 1896, p. 478.)

555. Passant par deux points A, B en ligne droite avec F est un point.

556. Tangentes à une droite D et passant par un point P est une conique. ($\mu : 2 = 2$.) (Koehler, p. 114.)

557. Tangentes à une droite D en un point P est un point. ($\mu : 2 = 1$.) (A. et P., t. II, p. 376.)

558. Admettant un point P pour pôle d'une droite D est un point.

559. Dont le centre (ou le second foyer) est donné est un point. Ce point est évidemment à l'infini.

560. Ayant une asymptote donnée est un point. C'est évidemment la projection du foyer sur l'asymptote.

561. Passant par un point P et conjuguées par rapport à deux points donnés est une conique.

562. Tangentes à une droite *c* et conjuguées par rapport à deux points donnés est une conique.

563. Tangentes à une droite *c* et conjuguées par rapport à deux droites est un point.

564. Passant par un point P et conjuguées par rapport à deux droites données est une conique.

565. Passant par un point et *touchant une conique* donnée est de 8<sup>e</sup> classe.

566. Passant par un point et touchant une conique de foyer F se compose de deux coniques. ($\mu : 2 = 4$ avec deux séries.)

567. Tangentes à une droite et à une conique donnée est de 6<sup>e</sup> classe.

568. Tangentes à une droite D et à une conique tangente à D est de 4e classe.

569. Tangentes à une droite et à une conique de foyer F est une conique.

570. Tangentes à une droite et à une conique passant par F est de 5e classe.

571. Tangentes à une droite D et à une conique passant par F et touchant D est de 3e classe.

572. Ayant un contact du 2e ordre avec une conique donnée est de 6e classe. ($\mu : 2 = 6.$) (Koehler, p. 303.)

573. Ayant un contact du 2e ordre avec une conique passant par F est de 3e classe.

574. Bitangentes à une conique se compose de deux points. ($\mu : 2 = 2$, avec deux séries.)

575. Bitangentes à une conique passant par F est un point.

576. Tangentes à deux coniques données est de 28e classe.

577. Tangentes à une conique de foyer F et à une conique quelconque est de 12e classe.

578. Tangentes à deux coniques de foyer F se compose de deux coniques. ($\mu : 2 = 4$, avec deux séries.)

579. Tangentes à deux coniques de foyer F tangentes entre elles est une conique.

580. D'aire constante tangentes à une droite D est de 3e classe.

581. D'aire constante passant par un point P est de 4e classe.

582. Tangentes à une droite $d$ et vues d'un point P sous un angle droit est un point.

583. Passant par un point M et vues d'un point P sous un angle droit est une conique.

584. Tangentes à une droite $d$ et vues d'un point P sous un angle donné $\theta$ est une conique.

585. Passant par un point A et vues d'un point P sous un angle donné $\theta$ est de 4e classe.

## V. — ENVELOPPES DES TANGENTES AUX CONIQUES ($\mu$, $\nu$) AUX POINTS OU ELLES RENCONTRENT UNE DROITE D.

**18. XII.** — *L'enveloppe des tangentes aux coniques* ($\mu$, $\nu$) *aux points où elles coupent une droite* D *est une courbe de classe* $\mu + \nu$ *qui admet* D *pour tangente multiple d'ordre* $\nu$. (*Courbes*, t. I, p. 262.)

Cette enveloppe est en effet tangente à D autant de fois qu'il y a de coniques tangentes à cette droite, c'est-à-dire en général $\nu$ fois [ce qui exige que les coniques ($\mu$, $\nu$) ne passent par aucun point fixe de D et ne soient pas tangentes à deux droites issues d'un point de D]. Reste, pour avoir la classe de l'enveloppe, à chercher combien par un point quelconque $m$ de D peuvent passer de tangentes non confondues avec D; or, il en passe autant que de coniques, c'est-à-dire $\mu$. Ainsi l'enveloppe est de classe $\mu + \nu$ et admet D pour tangente multiple d'ordre $\nu$.

Si les coniques ($\mu$, $\nu$) passent par un point fixe P de D, il y a $\nu : 2$ coniques tangentes à D en P, et D est tangente multiple d'ordre $\nu : 2$. Il passe encore $\mu$ coniques en un point quelconque $m$ de D, donc l'enveloppe est cette fois de classe $\mu + \frac{\nu}{2}$ et admet D pour tangente multiple d'ordre $\nu : 2$.

Si les coniques ($\mu$, $\nu$) sont tangentes à deux droites issues d'un point P de D, il y a toujours $\mu$ coniques ($\mu$, $\nu$) passant en un point quelconque $m$ de D, mais il n'y a plus aucune conique non décomposée du système tangente à D. Quant aux coniques du système décomposées et tangentes à D, elles se réduisent à deux droites ayant leur point double en P, ou elles se composent de deux points dont l'un est nécessairement P; dans tous les cas, elles sont tangentes en P à toutes les droites qui passent en ce point; par conséquent, en négligeant le point P, qui répond à des coniques réduites, la véritable enveloppe des tangentes aux coniques ($\mu$, $\nu$) aux points où elles coupent D est alors une courbe de classe $\mu$.

On peut donc compléter le théorème XII de Chasles par les deux suivants, que j'ai d'ailleurs déjà fait connaître dans le tome I des *Courbes géométriques remarquables*, p. 262 et 263 :

XIII. — *Lorsque les coniques d'un système* ($\mu$, $\nu$) *passent par un point fixe* P *d'une droite* D, *les tangentes aux seconds points où elles coupent* D *enveloppent une courbe de classe* $\mu + \frac{\nu}{2}$ *qui admet* D *pour tangente multiple d'ordre* $\nu : 2$.

XIV. — *Si les coniques* ($\mu$, $\nu$) *touchent deux droites fixes issues d'un point* P *d'une droite* D, *l'enveloppe des tangentes aux points où elles coupent* D *est de classe* $\mu$.

Enfin on peut ajouter aux théorèmes qui précèdent le suivant :

XV. — *Lorsque les coniques d'un système* ($\mu$, $\nu$) *passent par un point fixe* P *d'une droite* D *et sont tangentes en* P *à une droite* P$\delta$, *les tangentes aux seconds points où elles coupent* D *enveloppent une courbe de classe* $\mu$.

Par un point quelconque $m$ de D passent toujours $\mu$ coniques ($\mu$, $\nu$) qui donnent $\mu$ tangentes à l'enveloppe issues de $m$, mais comme dans le cas du théorème XIV, il n'y a plus de conique ($\mu$, $\nu$) non décomposée tangente à D. Quant aux coniques du système décomposées et tangentes à D, elles se réduisent à deux droites ayant leur point double en P, ou elles se composent de deux points dont l'un est nécessairement P. Par conséquent, en laissant de côté le point P, qui est une solution singulière, puisque toutes les droites passant en ce point y sont tangentes aux coniques réduites considérées, on peut dire que l'enveloppe cherchée est de classe $\mu$.

L'enveloppe du théorème XII touche les deux droites de chaque conique du système décomposée en deux droites; elle touche également les droites qui joignent les deux points formant les coniques du système décomposées en deux points, les points de contact étant les pôles de la droite D par rapport à ces couples de points. Enfin, elle touche encore les tangentes communes aux coniques $(\mu, \nu)$ et les admet pour tangentes multiples d'ordre $\mu : 2$, car il y a $\mu : 2$ coniques $(\mu, \nu)$ tangentes à chacune de ces droites aux points où elles rencontrent D.

On peut donc, d'après le théorème 586, dire que l'enveloppe des tangentes aux points où les coniques circonscrites à un quadrilatère ABCD coupent une droite $\Delta$ est une courbe de 3$^e$ classe bitangente à $\Delta$ et tangente aux quatre côtés A B, B C, C D, D A du quadrilatère ainsi qu'aux diagonales A C, B D. On pourrait de même compléter les théorèmes suivants; nous laisserons ce soin au lecteur.

En appliquant le théorème XII du début de ce paragraphe aux systèmes les plus simples de coniques dont nous avons donné les caractéristiques, on trouve que :

*L'enveloppe des tangentes aux points où elles coupent une droite* D *aux coniques :*

586. Circonscrites à un quadrilatère est une courbe de 3$^e$ classe bitangente à D. $(\mu + \nu = 3, \nu = 2.)$ (Koehler, p. 321.)

587. Passant par trois points et touchant une droite est une courbe de 6$^e$ classe admettant D pour tangente quadruple.

588. Passant par deux points et touchant deux droites se compose de deux courbes de 4$^e$ classe bitangentes à D. (Deux séries où $\mu + \nu = 4, \nu = 2.$)

589. Passant par deux points A, B et touchant deux droites issues d'un point O de AB est une courbe de 4$^e$ classe bitangente à D.

590. Inscrites à un triangle et passant par un point est une courbe de 6$^e$ classe bitangente à D.

591. Inscrites à un quadrilatère est une courbe de 3$^e$ classe tangente à D. $(\mu + \nu = 3, \nu = 1.)$ (Koehler, p. 321.)

592. Tangentes à deux droites OA, OB en deux points donnés A, B, est une conique tangente à D, à OA, OB et à AB.

593. Ayant même foyer et même directrice est une conique de même foyer, tangente à D et à la directrice. ($\mu + \nu = 2$, $\nu = 1$.) (Koehler, p. 114.)

594. Passant par un point et tangentes à deux droites dont l'une en un point donné est une courbe de 4e classe bitangente à D.

595. Passant par deux points et tangentes à une droite en un troisième point donné est une courbe de troisième classe bitangente à D.

596. Tangentes à trois droites dont l'une en un point donné est une courbe de troisième classe tangente à D.

597. Passant par deux points et *admettant un point* P *pour pôle* d'une droite Δ (ou ayant un centre donné) est une courbe de 3e classe bitangente à D.

598. Tangentes à deux droites et admettant un point P pour pôle d'une droite Δ (ou ayant un centre donné) est une courbe de 3e classe tangente à D.

599. Passant par un point, tangentes à une droite et admettant un point P pour pôle d'une droite Δ (ou ayant un centre donné) est une courbe de 4e classe bitangente à D.

600. Tangentes à une droite en un point donné et admettant un point P pour pôle d'une droite Δ (ou ayant un centre donné) est une conique tangente à D.

601. Passant par deux points et ayant une *asymptote donnée* est une courbe de 3e classe bitangente à D.

602. Passant par un point, tangentes à une droite et ayant une asymptote donnée est une courbe de 4e classe bitangente à D.

603. Tangentes à deux droites et ayant une asymptote donnée est une courbe de 3e classe tangente à D.

604. Ayant les deux asymptotes données est une conique tangente à D.

605. Passant par deux points et de *centre donné* est une courbe de 3e classe bitangente à D.

606. Tangentes à deux droites et de centre donné est une courbe de 3e classe tangente à D.

607. Passant par un point, tangentes à une droite et de centre donné est une courbe de 4e classe bitangente à D.

608. Passant par deux points et dont un *foyer* est *donné* se compose de deux courbes de 4e classe bitangentes à D.

609. Ayant un foyer donné et passant par deux points en ligne droite avec ce foyer est une courbe de 4e classe bitangente à D.

610. Passant par un point, tangentes à une droite et dont un foyer est donné est une courbe de 6e classe bitangente à D.

611. Tangentes à une droite en un point donné et de foyer F est une courbe de 3e classe tangente à D.

612. Tangentes à deux droites et dont le foyer est donné est une courbe de 3e classe tangente à D.

613. Homofocales est une courbe de 3e classe tangente à D.

614. Circonscrites à un triangle et *conjuguées par rapport à deux points* est une courbe de 3e classe bitangente à D.

615. Passant par deux points, tangentes à une droite et conjuguées par rapport à deux points est une courbe de 6e classe admettant D pour tangente quadruple.

616. Passant par un point, tangentes à deux droites, conjuguées par rapport à deux points est une courbe de 8e classe quatre fois tangente à D.

617. Inscrites à un triangle et conjuguées par rapport à deux points est une courbe de 6e classe bitangente à D.

618. Tangentes à deux droites dont l'une en un point donné et conjuguées par rapport à deux points est de 4e classe et bitangente à D.

619. Passant par un point, tangentes à une droite en un point donné et conjuguées par rapport à deux points est de 3e classe bitangente à D.

620. Passant par un point, tangentes à deux droites OX, OY et dont la polaire de O passe par un point fixe P est de 4e classe et bitangente à D.

621. Tangentes à trois droites OX, OY, *d* et dont la polaire de O passe par un point P est une courbe de 3e classe tangente à D.

622. Inscrites à un triangle et *conjuguées par rapport à deux droites* est de 3e classe tangente à D.

623. Passant par un point, tangentes à deux droites et conjuguées par rapport à deux autres droites est de 6e classe, bitangente à D.

624. Passant par deux points, tangentes à une droite et conjuguées par rapport à deux autres droites est de 8e classe, admettant D pour tangente quadruple.

625. Circonscrites à un triangle et conjuguées par rapport à deux droites est de 6e classe, quadritangente à D.

626. Passant par un point, tangentes à une droite en un point donné et conjuguées par rapport à deux droites est de 4e classe, bitangente à D.

627. Tangentes à deux droites dont l'une en un point donné et conjuguées par rapport à deux droites est de 3e classe, tangente à D.

628. Passant par deux points A, B, tangentes à une droite $\Delta$ et dont le pôle de AB décrit une droite $\Delta'$ est de 4e classe, bitangente à D.

629. Passant par trois points A, B, C et dont le pôle de AB décrit une droite $\Delta$ est une courbe de 3e classe bitangente à D.

630. Inscrites à un triangle et dont le *centre décrit une droite* est une courbe de 3e classe tangente à D.

631. Passant par un point, tangentes à deux droites et dont le centre décrit une droite est une courbe de 6e classe bitangente à D.

632. Circonscrites à un triangle et dont le centre décrit une droite est une courbe de 6e classe admettant D pour tangente quadruple.

633. Passant par un point, tangentes à une droite en un point donné et dont le centre décrit une droite est une courbe de 4e classe bitangente à D.

634. Tangentes à deux droites dont l'une en un point donné et dont le centre décrit une droite est une courbe de 3e classe tangente à D.

635. Tangentes à une droite $\Delta$, de directions asymptotiques données et dont le centre décrit une droite $\Delta'$ est une courbe de 4e classe bitangente à D.

636. Passant par un point donné, de directions asymptotiques données et dont le centre décrit une droite est une courbe de 3e classe bitangente à D.

637. Tangentes à une droite et *conjuguées à un triangle* est de 3e classe, tangente à D.

638. Passant par un point et conjuguées à un triangle est de 3e classe et bitangente à D.

639. Passant par trois points A, B, C et *normales* à une droite D est une courbe de 9e classe six fois tangente à D.

640. Passant par un point, ayant leurs directions asymptotiques données et normales à une droite D est une courbe de 6e classe quatre fois tangente à D.

641. Passant par trois points A, B, C et *tangentes à une conique* est une courbe de 18e classe douze fois tangente à D.

642. Passant par trois points A, B, C et tangentes à une conique passant par A et B est une courbe de 6e classe admettant D pour tangente quadruple.

643. Tangentes à trois droites *a*, *b*, *c* et touchant une conique tangente à *a* et *b* est une courbe de 6e classe bitangente à D.

644. De foyer F, tangentes à une droite $\Delta$ et touchant une conique de foyer F est une courbe de 6e classe bitangente à D.

645. Tangentes à une droite et admettant un *contact du 2e ordre* en un point donné avec une conique donnée est une courbe de 3e classe tangente à D.

646. Passant par un point et ayant un contact du 2e ordre en un point donné avec une conique donnée est une courbe de 3e classe bitangente à D.

647. Ayant un contact du 3^e^ ordre en un point donné avec une conique donnée est une conique tangente à D.

648. Passant par deux points et *bitangentes* à une conique se compose de deux courbes de 4^e^ classe bitangentes à D.

649. Tangentes à deux droites et bitangentes à une conique se compose de deux courbes de 4^e^ classe bitangentes à D.

650. Passant par deux points A, B et bitangentes à une conique tangente à AB est une courbe de 4^e^ classe bitangente à D.

651. Tangentes à deux droites OA, OB et bitangentes à une conique passant par O est une courbe de 4^e^ classe bitangente à D.

652. Bitangentes à deux coniques données se compose de trois courbes de 4^e^ classe bitangentes à D. (3 séries de $\mu + \nu = 4$.)

653. Passant par deux points A, B et *touchant deux coniques* passant par A et B se compose de deux courbes de 6^e^ classe admettant D pour tangente quadruple. (Deux séries de $\mu + \nu = 6$, $\nu = 4$.)

654. Passant par deux points B, C et touchant deux coniques tangentes en A et passant par B et C est une courbe de 6^e^ classe quadritangente à D.

655. Tangentes à deux droites *a*, *b* et touchant deux coniques tangentes à *a* et *b* se compose de deux courbes de 6^e^ classe bitangentes à D.

656. Tangentes à deux droites *a*, *b* et touchant deux coniques tangentes en un point A et tangentes à *a* et *b* est une courbe de 6^e^ classe bitangente à D.

657. De foyer F et tangentes à deux coniques de foyer F se compose de deux courbes de 6^e^ classe bitangentes à D. (Deux séries de $\mu + \nu = 6$, $\nu = 2$.)

658. De foyer F et tangentes à deux coniques de foyer F se touchant en un point A est une courbe de 6^e^ classe bitangente à D.

659. *Semblables* circonscrites à un triangle est de 6^e^ classe, quadritangente à D.

660. Semblables conjuguées à un triangle est de 6^e^ classe, quadritangente à D.

661. Semblables, passant par un point, tangentes à une droite en un point donné, est de 6^e^ classe, quadritangente à D.

662. Inscrites à un triangle et *vues d'un point* P *sous un angle droit* est une courbe de 3^e^ classe tangente à D.

663. Circonscrites à un triangle et vues d'un point P sous un angle droit est une courbe de 6^e^ classe quadritangente à D.

664. Passant par un point, tangentes à deux droites et vues d'un point P sous un angle droit est une courbe de 6^e^ classe bitangente à D.

665. Conjuguées à un triangle et vues d'un point P sous un angle droit est une courbe de 3e classe tangente à D.

666. Inscrites à un triangle et vues d'un point P sous un angle donné $\theta$ est une courbe de 6e classe bitangente à D.

667. Conjuguées à un triangle et vues d'un point P sous un angle donné $\theta$ est une courbe de 6e classe bitangente à D.

668. De foyer donné F, tangentes à une droite donnée D et dont la directrice correspondante à F passe par un point fixe est une courbe de 3e classe tangente à D.

669. De foyer F, passant par un point P et dont la directrice correspondante à F passe par un point fixe est une courbe de 4e classe bitangente à D.

D'après ce que nous avons montré précédemment :

XIII. — *Lorsque les coniques* $(\mu, \nu)$ *passent par un point fixe* P *d'une droite* D, *les tangentes aux seconds points où elles coupent* D *enveloppent une courbe de classe* $\mu + \frac{\nu}{2}$ *qui admet* D *pour tangente multiple d'ordre* $\nu : 2$.

Nous ne donnerons que quelques applications de ce théorème, laissant au lecteur le soin d'en énoncer un grand nombre d'autres.

*L'enveloppe des tangentes, aux seconds points où elles rencontrent une droite* D, *des coniques passant par un point fixe* O *de* D *et :*

670. Passant par trois points A, B, C est une conique tangente à D et inscrite au triangle ABC.

671. Passant par un point et touchant deux droites se compose de deux courbes de 3e classe tangentes à D.

672. Inscrites à un triangle est de 5e classe et tangente à D.

673. Tangentes à deux droites dont l'une en un point donné est de 3e classe tangente à D.

674. Passant par un point et tangentes à une droite en un point donné est une conique tangente à D.

675. Passant par un point et admettant un second point pour pôle d'une droite donnée est une conique tangente à D.

676. Tangentes à une droite et admettant un point M pour pôle d'une droite donnée est de 3e classe, tangente à D.

677. Passant par un point et ayant une asymptote donnée (ou un centre donné) est une conique tangente à D.

678. Tangentes à une droite et ayant une asymptote donnée (ou un centre donné) est de 3e classe, tangente à D.

679. Passant par deux points A, B et conjuguées par rapport à deux autres points est une conique tangente à D.

680. Tangentes à une droite en un point donné et conjuguées par rapport à deux points est une conique tangente à D.

681. De centre donné et conjuguées par rapport à deux points est une conique tangente à D.

682. Passant par deux points A, B et telles que le pôle de AB décrive une droite fixe Δ est une conique tangente à D.

683. De directions asymptotiques données et dont le centre décrit une droite Δ est une conique tangente à D.

684. Conjuguées à un triangle est une conique tangente à D.

685. Ayant un contact du 2e ordre avec une conique donnée en un point donné est une conique tangente à D.

686. Passant par deux points et dont un axe est parallèle à une droite donnée est une conique tangente à D.

Nous avons vu également que :

XIV. — *Lorsque les coniques d'un système* ($\mu$, $\nu$) *touchent deux droites fixes issues d'un point* P *d'une droite* D, *l'enveloppe des tangentes aux points où elles coupent* D *est de classe* $\mu$.

En appliquant ce théorème aux cas les plus simples, on peut dire que :

*L'enveloppe des tangentes aux points où elles coupent une droite* OD *aux coniques tangentes à* OX, OY *et :*

687. Tangentes à deux droites AB, AC est une conique. ($\mu = 2.$)

688. Passant par deux points A, B se compose de deux courbes de seconde classe, dont chacune se réduit d'ailleurs à deux points de AB. (2 séries où $\mu = 2.$)

689. Tangentes à une droite AB et passant par un point P est une courbe de 4e classe.

690. Tangentes à une droite AB en un point donné est une conique

691. Admettant un point P pour pôle d'une droite donnée est une conique.

692. Ayant une asymptote donnée est une conique.

693. Dont le centre est donné est une conique.

694. Dont un foyer F est donné est une conique.

695. Passant par un point P et conjuguées par rapport à deux points est de 4e classe.

696. Tangentes à une droite et conjuguées par rapport à deux points est de 4e classe.

697. Tangentes à une droite et conjuguées par rapport à deux droites est une conique.

693. Passant par un point et conjuguées par rapport à deux droites est de 4e classe.

699. Tangentes à une droite et dont le centre décrit une droite est une conique.

700. Passant par un point et dont le centre décrit une droite est de 4e classe.

En prenant pour droites OX, OY, les droites isotropes d'un point P, on peut dire :

*L'enveloppe des tangentes aux coniques de foyer* F *aux points où elles coupent une droite* FD *est pour les coniques :*

701. Tangentes à deux droites, une conique. ($\mu = 2.$)

702. Passant par deux points, 4 points. (2 séries où $\mu = 2.$)

703. Tangentes à une droite et passant par un point, une courbe de 4e classe.

704. Tangentes à une droite AB en un point donné, une conique.

705. Dont le second foyer F' est donné, une parabole de foyer F' ($\mu = 2.$) (La conique enveloppe est en effet tangente à la droite de l'infini et aux droites isotropes de F'.) (Nogués, *Cours de mathématiques spéciales*, p. 197.)

706. Admettant un point P pour pôle d'une droite $\Delta$, une conique.

707. Tangentes à une droite et conjuguées par rapport à deux droites, une conique.

708. Tangentes à une droite et dont le centre décrit une droite, une conique.

Enfin, nous avons encore vu que :

XV. — *Lorsque les coniques d'un système* ($\mu$, $\nu$) *passent par un point fixe* P *d'une droite* D *et sont tangentes en* P *à une droite* P $\delta$, *les tangentes aux seconds points où elles coupent* D *enveloppent une courbe de classe* $\mu$.

On en déduit que :

*L'enveloppe de la tangente, au second point où elles rencontrent* D, *aux coniques tangentes à une droite* O $\delta$ *en un point* O *de* D *et :*

709. Passant par deux points est un point. ($\mu = 1.$)

710. Passant par un point et touchant une droite est une conique. ($\mu = 2.$)

711. Tangentes à deux droites est une conique. ($\mu = 2.$)

712. Admettant un point P pour pôle d'une droite $\Delta$ est un point.

713. De centre donné est un point.

714. De foyer donné est une conique.

715. Passant par un point et conjuguées par rapport à deux points est un point.

716. Tangentes à une droite et conjuguées par rapport à deux points est une conique.

717. Passant par un point (ou tangentes à une droite) et conjuguées par rapport à deux droites est une conique.

## VI. — ENVELOPPES D'ASYMPTOTES

**19.** XVI. — *L'enveloppe des asymptotes des coniques d'un système* ($\mu, \nu$) *qui ne coupent pas la droite de l'infini en un point donné et ne touchent pas deux droites parallèles est une courbe de classe* $\mu + \nu$ *qui admet la droite de l'infini pour tangente multiple d'ordre* $\nu$. (*Courbes géométriques remarquables*, t. I, p. 263.)

Ce théorème est un cas particulier du théorème XII : celui où l'on prend pour droite D la droite de l'infini. On se reportera pour la démonstration à celle du théorème XII. Comme ce dernier, il est dû à Chasles. Nous le compléterons par les remarques suivantes, immédiates d'après ce qui précède :

*L'enveloppe des asymptotes des coniques* ($\mu$, $\nu$), *donnée au théorème* XVI, *est tangente aux couples de droites qui constituent les coniques du système réduites à deux droites; elle touche les droites qui joignent les couples de points formant coniques du système décomposées en deux points, les points de contact de l'enveloppe étant les milieux des segments déterminés par ces couples de points. Enfin, elle touche également les tangentes communes aux coniques* ($\mu$, $\nu$) *et les admet pour tangentes multiples d'ordre* $\mu : 2$. *Les points où l'enveloppe touche la droite de l'infini sont ceux où elle touche les* $\nu$ *coniques du système qui lui sont tangentes.*

Ces remarques permettent de compléter les théorèmes qui suivent; on peut dire, par exemple, d'après le théorème 724, que l'enveloppe des asymptotes des coniques inscrites à un quadrilatère ABCD est une courbe de 3e classe tangente à la droite de l'infini, aux côtés AB, BC, CD, DA du quadrilatère, aux diagonales AC, BD, à la droite qui joint les intersections M, N des côtés opposés, et qui touche les diagonales AC, BD et la droite MN en leurs milieux. On voit de même que l'enveloppe des asymptotes des coniques circonscrites à un quadrilatère ABCD est, d'après le théorème 718, une courbe de 3e classe bitangente à la droite de l'infini aux points où elle est touchée par les deux paraboles (réelles ou décomposées) du faisceau: cette courbe touche encore les quatre côtés et les deux diagonales du quadrilatère. D'après les formules de Plücker (voir *Courbes géométriques remarquables*, t. I, p. 375), cette courbe est une quartique.

Comme toutes les remarques qui font connaître *a priori* les points d'un lieu ou les tangentes d'une enveloppe dues aux coniques réduites du système, les remarques précédentes mettent en évidence des cas de décomposition de l'enveloppe. Ainsi, considérons l'enveloppe des asymptotes aux coniques circonscrites à un trapèze ABCD, et soit M le point de rencontre (à l'infini) des côtés parallèles AB, CD.

L'enveloppe est une courbe de 3e classe bitangente à la droite de l'infini MΔ (qui compte pour deux tangentes) et tangente aux côtés opposés MAB, MCD; elle a donc quatre tangentes passant en M, ce qui est impossible puisqu'elle est de 3e classe : elle se décompose donc en un point, le point M, et une conique tangente aux côtés non parallèles AD, BC, aux diagonales AC, BD et à la droite de l'infini. Le raisonnement qui conduit au théorème XVI montre aussi directement que l'enveloppe est une parabole, car il n'y a qu'une conique du faisceau non décomposée tangente à la droite de l'infini MΔ et l'enveloppe est de classe $\mu + 1 = 2$.

En appliquant le théorème XVI, on trouve que :

*L'enveloppe des asymptotes des coniques :*

**718.** Passant par quatre points est une courbe de 3e classe bitangente à la droite de l'infini IJ. ($\mu + \nu = 3$, $\nu = 2$.)

**719.** Circonscrites à un trapèze est une parabole. (Il n'y a alors qu'une conique non décomposée du faisceau tangente à la droite de l'infini.) (Koehler, p. 129.)

**720.** Passant par trois points et touchant une droite est une courbe de 6e classe admettant la droite de l'infini pour tangente quadruple.

**721.** Passant par deux points et touchant deux droites se compose de deux courbes de 4e classe bitangentes à IJ (Deux séries où $\mu + \nu = 4$, $\nu = 2$).

**722.** Passant par deux points A, B et touchant deux droites issues d'un point O de AB est une courbe de 4e classe bitangente à la droite de l'infini IJ.

**723.** Inscrites à un triangle et passant par un point est une courbe de 6e classe bitangente à IJ.

**724.** Inscrites à un quadrilatère est une courbe de 3e classe, tangente à IJ.

**725.** Tangentes à deux droites OA, OB en deux points donnés A, B est une parabole inscrite au triangle OAB, le point où elle touche AB étant le milieu de AB. ($\mu + \nu = 2$, $\nu = 1$.) (R. M. S., 1902-1903, p. 8.)

**726.** Ayant même foyer et même directrice est une parabole de même foyer, tangente à cette directrice.

**727.** Passant par un point et tangentes à deux droites dont l'une en un point donné est une courbe de 4e classe bitangente à IJ.

**728.** Passant par deux points et tangentes à une droite en un troisième point donné est une courbe de 3e classe bitangente à IJ.

**729.** Tangentes à trois droites dont l'une en un point donné est une courbe de 3e classe tangente à la droite de l'infini IJ.

**730.** Passant par deux points, et *admettant un point* P *pour pôle* d'une droite D est une courbe de 3^e^ classe, bitangente à IJ.

**731.** Tangentes à deux droites et admettant un point P pour pôle d'une droite D est une courbe de 3^e^ classe, tangente à IJ.

**732.** Passant par un point, tangentes à une droite et admettant un point P pour pôle d'une droite D est une courbe de 4^e^ classe, bitangente à IJ.

**733.** Tangentes à une droite en un point donné et admettant un point P pour pôle d'une droite D est une parabole.

**734.** Circonscrites à un triangle et conjuguées par rapport à deux points est une courbe de 3^e^ classe, bitangente à IJ.

**735.** Passant par deux points, tangentes à une droite et *conjuguées par rapport à deux points* est une courbe de 6^e^ classe admettant IJ pour tangente quadruple.

**736.** Passant par un point, tangentes à deux droites et conjuguées par rapport à deux points est une courbe de 8^e^ classe, quatre fois tangente à IJ.

**737.** Inscrites à un triangle et conjuguées par rapport à deux points est une courbe de 6^e^ classe, bitangente à IJ.

**738.** Tangentes à deux droites dont l'une en un point donné et conjuguées par rapport à deux points est de 4^e^ classe et bitangente à IJ.

**739.** Passant par un point, tangentes à une droite en un point donné et conjuguées par rapport à deux points est de 3^e^ classe et bitangente à IJ.

**740.** Passant par un point, tangentes à deux droites OX, OY et dont la polaire de O passe par un point P est une courbe de 4^e^ classe, bitangente à IJ.

**741.** Tangentes à trois droites OX, OY, *d* et dont la polaire de O passe par un point P est une courbe de 3^e^ classe, tangente à IJ.

**742.** Inscrites à un triangle et *conjuguées par rapport à deux droites* est de 3^e^ classe, tangente à IJ.

**743.** Passant par un point, tangentes à deux droites et conjuguées par rapport à deux autres droites est de 6^e^ classe, bitangente à IJ.

**744.** Passant par deux points, tangentes à une droite et conjuguées par rapport à deux autres droites est de 8^e^ classe, quadritangente à IJ.

**745.** Circonscrites à un triangle et conjuguées par rapport à deux droites est de 6^e^ classe, quadritangente à IJ.

**746.** Passant par un point, tangentes à une droite en un point donné et conjuguées par rapport à deux droites est de 4^e^ classe, bitangente à IJ.

**747.** Tangentes à deux droites dont l'une en un point donné et conjuguées par rapport à deux droites est de 3e classe, tangente à IJ.

748. Passant par deux points A, B, tangentes à une droite $\Delta$ et dont le pôle de AB décrit une droite D est de 4e classe, bitangente à IJ.

749. Passant par trois points A, B, C et dont le pôle de AB décrit une droite D est une courbe de 3e classe, bitangente à la droite de l'infini IJ.

750. Tangentes à une droite et conjuguées à un triangle est de 3e classe, tangente à IJ.

751. Passant par un point et *conjuguées à un triangle* est de 3e classe et bitangente à la droite de l'infini IJ.

752. Passant par trois points A, B, C et *tangentes à une conique* passant par A et B est de 6e classe, quatre fois tangente à IJ.

753. Tangentes à trois droites *a*, *b*, *c* et touchant une conique tangente à *a* et *b* est de 6e classe, bitangente à IJ.

754. Passant par un point (ou tangentes à une droite) et admettant un *contact du* 2e *ordre* en un point donné avec une conique donnée est une courbe de 3e classe, bitangente à IJ (ou tangente à IJ).

755. Admettant un *contact du* 3e *ordre* avec une conique donnée en un point donné est une parabole.

756. Passant par deux points (ou tangentes à deux droites) et *bitangentes* à une conique se compose de deux courbes de 4e classe, bitangentes à IJ.

757. Passant par deux points A, B et bitangentes à une conique tangente à AB (ou tangentes à deux droites OA, OB et bitangentes à une conique passant en O) est de 4e classe et bitangente à IJ.

758. Bitangentes à deux coniques données se compose de trois courbes de 4e classe, bitangentes à IJ.

759. Inscrites à un triangle et *vues d'un point* P *sous un angle droit* est une courbe de 3e classe, tangente à la droite de l'infini.

760. Conjuguées à un triangle et vues d'un point P sous un angle droit est une courbe de 3e classe, tangente à la droite de l'infini.

761. Circonscrites à un triangle et vues d'un point P sous un angle droit est une courbe de 6e classe admettant la droite de l'infini pour tangente quadruple.

Le théorème XIII donne le suivant :

XVII. — *Lorsque les coniques* $(\mu, \nu)$ *ont une direction asymptotique donnée, l'enveloppe de l'autre asymptote est une courbe de classe* $\mu + \frac{\nu}{2}$ *admettant la droite de l'infini pour tangente multiple d'ordre* $\nu : 2$. *Cette courbe touche celles des droites des coniques réduites à deux droites qui ne passent pas par le point à l'infini de la direction asymptotique donnée et admet les tangentes communes aux coniques* ($\mu$, $\nu$) *pour tangentes multiples d'ordre* $\mu : 2$.

On en conclut, en se bornant aux cas les plus simples, que :

*L'enveloppe de la seconde asymptote des coniques dont une direction asymptotique est donnée et* :

762. Passant par trois points A, B, C est une parabole.

762 *bis.* Passant par deux points et touchant une droite est de 4e classe, bitangente à IJ, droite de l'infini.

763. Passant par un point et touchant deux droites se compose de deux courbes de 3e classe, tangentes à IJ, droite de l'infini.

764. Inscrites à un triangle est de 5e classe et tangente à IJ.

765. Tangentes à deux droites dont l'une en un point donné est de 3e classe, tangente à IJ.

766. Passant par un point et tangentes à une droite en un point donné est une parabole.

767. Passant par un point et admettant un second point pour pôle d'une droite donnée est une parabole.

768. Tangentes à une droite et admettant un point M pour pôle d'une droite donnée est de 3e classe, tangente à IJ.

769. Passant par deux points et conjuguées par rapport à deux autres points est une parabole.

770. Tangentes à une droite en un point donné et conjuguées par rapport à deux points est une parabole.

771. Passant par deux points A, B et telles que le pôle de AB décrive une droite fixe $\Delta$ est une parabole.

772. Conjuguées à un triangle est une parabole.

773. Ayant un contact du 2e ordre en un point donné avec une conique donnée est une parabole.

Le théorème XIV donne le suivant :

XVIII. — *Lorsque les coniques* ($\mu$, $\nu$) *sont tangentes à deux droites parallèles, l'enveloppe de leurs asymptotes est de classe* $\mu$.

En appliquant ce théorème aux cas les plus simples, on voit que :

*L'enveloppe des asymptotes aux coniques tangentes à deux droites parallèles* et :

774. Tangentes à deux autres droites non parallèles (c'est-à-dire inscrites dans un trapèze) est une conique qui touche les diagonales en leurs milieux. ($\mu = 2$.) (Koehler, p. 99.)

775. Passant par deux points A, B se compose de deux courbes de seconde classe, dont chacune se réduit d'ailleurs à deux points de AB. (2 séries où $\mu = 2$.)

776. Tangentes à une droite AB et passant par un point P est de 4e classe.

777. Tangentes à une droite en un point donné est une conique.

778. Admettant un point P pour pôle d'une droite donnée est une conique.

779. Passant par un point et conjuguées par rapport à deux points est de 4e classe.

780. Tangentes à une droite et conjuguées par rapport à deux points est de 4e classe.

781. Tangentes à une droite et conjuguées par rapport à deux droites est une conique.

782. Passant par un point et conjuguées par rapport à deux droites est de 4e classe.

Le théorème XV donne le suivant :

XIX. — *Lorsque les coniques* ($\mu$, $\nu$) *ont une asymptote donnée, l'enveloppe de la seconde asymptote est une courbe de classe* $\mu$.

On en déduit que :

*L'enveloppe de la seconde asymptote des coniques ayant une asymptote donnée et :*

783. Passant par deux points A, B est un point de AB. ($\mu = 1$.) (Le point enveloppe est sur AB, car l'une des coniques du système réduites à deux droites se compose de l'asymptote donnée et de AB.)

784. Passant par un point et touchant une droite est une conique.

785. Tangentes à deux droites est une conique.

786. Tangentes à une droite en un point donné est un point.

787. Admettant un point P pour pôle d'une droite $\Delta$ est un point.

788. Passant par un point et conjuguées par rapport à deux points est un point.

789. Tangentes à une droite et conjuguées par rapport à deux points est une conique.

790. Passant par un point (ou tangentes à une droite) et conjuguées par rapport à deux droites est une conique.

## VII. — ENVELOPPES D'AXES

**20.** XX. — *Les axes des coniques d'un système* ($\mu$, $\nu$) *enveloppent une courbe de classe* $\mu + \nu$ *admettant la droite de l'infini pour tangente multiple d'ordre* $\nu$. (*Courbes géométriques remarquables*, t. I, p. 264.)

Tout d'abord la droite de l'infini QQ' (*fig.* 3) est tangente à la courbe enveloppe autant de fois qu'il y a de coniques ($\mu$, $\nu$) tangentes à la droite de l'infini, c'est-à-dire en général $\nu$ fois. Cherchons, en outre, combien par un point quelconque R de la droite de l'infini peuvent passer d'axes non confondus avec cette droite, ces axes sont des polaires du point S de la droite de l'infini situé dans la direction perpendiculaire à celle du point R. Or, l'enveloppe des polaires du point S est, d'après le théorème VIII, une courbe de classe $\mu$ qui n'est pas tangente à la droite de l'infini; donc du point R on peut lui mener $\mu$ tangentes, ce sont les $\mu$ axes qui passent par R sans être confondus avec la droite de l'infini. On en conclut le théorème XX.

Nous avons dit que la courbe enveloppe des polaires du point S n'est pas tangente à la droite de l'infini. En effet, si elle lui était tangente, c'est qu'il y aurait une parabole du faisceau $(\mu, \nu)$ tangente en S à la droite de l'infini, or, R étant un point quelconque de cette droite, il en est de même de S et par suite il ne peut y avoir de parabole $(\mu, \nu)$ tangente en S à la droite de l'infini.

S'il y a $p$ cercles appartenant aux coniques $(\mu, \nu)$, l'enveloppe des axes se décompose en leurs $p$ centres et une courbe de classe $\mu + \nu - p$.

Les points à l'infini des axes d'une conique sont conjugués harmoniques par rapport aux points cycliques et aux points à l'infini de la conique. Donc si les coniques $(\mu, \nu)$ coupent la droite de l'infini aux deux mêmes points E, F, les axes ont leurs directions données et ils sont parallèles aux bissectrices de l'angle des directions asymptotiques.

Les axes d'une conique réduite à deux points M, N se composent de la droite MN et de la perpendiculaire à MN en son milieu; les axes d'une conique réduite à deux droites se composent des deux bissectrices de l'angle formé par ces droites.

Donc :

*L'enveloppe des axes des coniques* $(\mu, \nu)$ *est tangente aux bissectrices des angles formés par les couples de droites qui constituent les coniques du système réduites à deux droites et est tangente également aux droites qui joignent les couples de points constituant les coniques réduites à deux points, ainsi qu'aux perpendiculaires à ces droites en leurs milieux.*

En appliquant ces remarques aux théorèmes suivants, on trouverait un certain nombre de tangentes aux enveloppes; on peut dire en particulier que l'enveloppe des axes des coniques inscrites à un quadrilatère est une courbe de troisième classe tangente à la droite de l'infini, aux deux diagonales du quadrilatère, à la droite qui joint les points de rencontre des côtés opposés et aux perpendiculaires à ces trois droites en leurs milieux. De même, les coniques réduites appartenant aux coniques tangentes à deux droites données OA, OB en deux points donnés A, B se composent des deux droites OA, OB et des points A et B, donc la parabole enveloppe des axes du théorème 798 est tangente aux bissectrices de l'angle AOB, à AB et à la perpendiculaire en son milieu. La courbe de 3^e^ classe enveloppe des axes des coniques circonscrites à un quadrilatère (n° **791**) est de même tangente aux six bissectrices des angles formés par les deux couples de côtés opposés et par les diagonales. Nous laisserons au lecteur le soin d'appliquer les remarques précédentes aux autres cas que nous allons envisager.

*L'enveloppe des axes des coniques :*

**791.** Circonscrites à un quadrilatère est une courbe de 3e classe bitangente à la droite de l'infini IJ. ($\mu + \nu = 3$, $\nu = 2$.)

(Si le quadrilatère est inscriptible, l'enveloppe se décompose en un point, centre du cercle, et en deux autres points appartenant à la droite de l'infini, bitangente.)

**792.** Circonscrites à un quadrilatère inscriptible sont les points à l'infini des bissectrices de l'angle de deux côtés opposés.

**793.** Circonscrites à un triangle et touchant une droite est une courbe de 6e classe, quatre fois tangente à la droite de l'infini IJ.

**794.** Passant par deux points et touchant deux droites se compose de deux courbes de 4e classe, bitangentes à IJ (1). (Deux séries où $\mu + \nu = 4$, $\nu = 2$.)

**795.** Inscrites à un triangle et passant par un point est une courbe de 6e classe, bitangente à IJ.

**796.** Inscrites à un quadrilatère est une courbe de 3e classe, tangente à IJ et aux trois diagonales.

**797.** Inscrites à un quadrilatère circonscrit à un cercle est une parabole tangente aux trois diagonales. (La courbe précédente se décompose en un point, centre du cercle, et une conique tangente à IJ.) (N. A., 1902, p. 333; A. et P., t. II, p. 343.)

On pourrait, à l'aide des tableaux de caractéristiques que nous avons donnés, énoncer un grand nombre d'autres résultats relatifs aux enveloppes d'axes; nous nous bornerons à citer les plus simples.

L'enveloppe des axes des coniques :

**798.** Tangentes à deux droites données OA, OB en deux points donnés A, B est une parabole tangente aux bissectrices de l'angle AOB, à la droite AB et à la perpendiculaire à AB en son milieu. ($\mu + \nu = 2$, $\nu = 1$.) (A. et P., t. II, p. 339.)

**799.** Ayant une asymptote donnée et tangentes à une droite donnée D en un point donné est une parabole. (A et P., t. II, p. 336.)

(La conique tangente à la droite de l'infini est celle qui se compose du point à l'infini de l'asymptote et du point de contact de la droite D; elle a un axe confondu avec la droite de l'infini.)

(1) Pour abréger, nous désignons la droite de l'infini par IJ.

800. Passant par deux points et tangentes à une droite en un point donné est une courbe de 3e classe, bitangente à la droite de l'infini IJ.

801. Inscrites à un triangle et touchant l'un de ses côtés en un point donné est une courbe de 3e classe, tangente à IJ.

802. Passant par deux points et *admettant un point* P *pour pôle* d'une droite D est une courbe de 3e classe, bitangente à IJ.

803. Tangentes à deux droites et admettant un point P pour pôle d'une droite D est une courbe de 3e classe, tangente à IJ.

804. Tangentes à une droite en un point donné et admettant un point P pour pôle d'une droite D est une parabole.

805. Circonscrites à un triangle et *conjuguées par rapport à deux points* est une courbe de 3e classe, bitangente à la droite de l'infini.

806. Passant par un point, tangentes à une droite en un point donné et conjuguées par rapport à deux points est une courbe de 3e classe, bitangente à la droite de l'infini IJ.

807. Inscrites à un triangle et *conjuguées par rapport à deux droites* est de 3e classe, tangente à IJ.

808. Tangentes à deux droites dont l'une en un point donné et conjuguées par rapport à deux droites est de 3e classe, tangente à IJ.

809. Circonscrites à un triangle ABC et dont le pôle de AB décrit une droite fixe D est de 3e classe, bitangente à IJ.

810. Tangentes à une droite et *conjuguées à un triangle* est de 3e classe, tangente à IJ.

811. Passant par un point et conjuguées à un triangle est de 3e classe, bitangente à IJ.

812. Passant par un point et ayant un *contact du* 2e *ordre* en un point donné avec une conique donnée est une quartique de 3e classe, bitangente à IJ.

813. Tangentes à une droite et ayant un contact du 2e ordre en un point donné avec une conique donnée est de 3e classe, tangente à IJ.

814. Ayant un *contact du* 3e *ordre* en un point donné avec une conique donnée est une parabole. ($\mu + \nu = 2$, $\nu = 1$.) (N. A., 1907, p. 381.)

815. Inscrites à un triangle et *vues d'un point* P *sous un angle droit* est une courbe de 3e classe, tangente à IJ.

816. Conjuguées à un triangle et vues d'un point P sous un angle droit est une courbe de 3e classe, tangente à IJ.

817. Passant par un point, tangentes à deux droites dont l'une en un point donné est une courbe de 4e classe, bitangente à IJ.

818. Passant par un point, tangentes à une droite et admettant un point P pour pôle d'une droite D est une courbe de 4e classe, bitangente à IJ.

**819.** Passant par deux points A, B, tangentes à deux droites issues d'un point O de AB est une courbe de 4e classe, bitangente à IJ.

**820.** Tangentes à deux droites dont l'une en un point donné et conjuguées par rapport à deux points est une courbe de 4e classe, bitangente à IJ.

**821.** Passant par un point M, tangentes à deux droites OX, OY, et dont la polaire de O passe par un point fixe P est une courbe de 4e classe, bitangente à IJ.

**822.** Passant par un point, tangentes à une droite en un point donné et conjuguées par rapport à deux droites est une courbe de 4e classe, bitangente à IJ.

**823.** Passant par deux points A, B, tangentes à une droite $\delta$, et dont le pôle de AB décrit une droite D est une courbe de 4e classe, bitangente à IJ.

D'après le théorème 19 de la page 266 du tome I des *Courbes géométriques remarquables,* lorsqu'un des axes des coniques $(\mu, \nu)$ passe par un point fixe, l'enveloppe de l'autre axe est de classe $2\nu$ et admet la droite de l'infini pour tangente multiple d'ordre $\nu$. J'ai montré que ce théorème, qui est dû à Chasles, doit être complété comme suit : Lorsque le lieu des centres admet le point fixe pour point multiple d'ordre $p$ et les points cycliques pour points multiples d'ordre $q$, l'enveloppe du second axe est de classe $2\nu - p - 2q$ et admet la droite de l'infini pour tangente multiple d'ordre $\nu - 2q$.

De ce qui précède on déduit que :

**824.** L'enveloppe de l'axe non focal d'une conique dont on donne un foyer et deux tangentes est une parabole. ($2\nu = 2$, $\nu = 1$.) (Koehler, p. 109.)

Si la droite lieu du centre passe par le foyer, ce qui exige que celui-ci soit sur l'une des bissectrices de l'angle des tangentes, l'enveloppe de l'axe non focal est une courbe de première classe tangente à la droite de l'infini, c'est-à-dire un point à l'infini, d'ailleurs situé sur la 2e bissectrice. ($2\nu - p = 1$, $\nu = 1$.)

**825.** L'enveloppe de l'axe non focal d'une conique dont on donne un foyer et une asymptote est une parabole. ($2\nu = 2$, $\nu = 1$.)

J'ai montré également au tome I des *Courbes géométriques remarquables,* p. 267, que :

XXI. — *L'enveloppe des axes des paraboles* $(\mu, \nu)$ *est en général une courbe de classe* $3\frac{\mu}{2}$ *admettant la droite de l'infini pour tangente multiple d'ordre* $\mu$, *les points cycliques étant points de contact d'ordre* $\frac{\mu}{2}$.

Je renvoie à cet ouvrage pour la démonstration correspondante. Je me contenterai d'ajouter ici les deux théorèmes suivants, que je laisse au lecteur le soin d'appliquer aux systèmes de coniques indiqués au tableau; ils généralisent ceux qui sont donnés sur les enveloppes d'axes et ils se démontrent d'une façon tout à fait analogue, comme on pourra le voir au tome I des *Courbes géométriques remarquables*, p. 265 et 266.

XXII. — *Étant donnés un système de coniques* ($\mu$, $\nu$) *et deux points* Q, Q', *si de ces points on mène à l'une des coniques les tangentes* QM, Q'M, QM', Q'M', *elles forment un quadrilatère circonscrit* $MM_1M'M_1'$ *dont les diagonales* MM', $M_1M'_1$ *enveloppent une courbe de classe* $\mu + \nu$ *admettant la droite* QQ' *pour tangente multiple d'ordre* $\nu$.

En l'appliquant aux 160 systèmes de coniques du tableau, le lecteur obtiendra 160 résultats qu'il n'aura qu'à formuler.

XXIII. — *Étant donnés un système de coniques* ($\mu$, $\nu$) *et deux points* Q, Q', *si de ces points on mène aux coniques les tangentes* QM, Q'M, QM', Q'M', *et que l'on considère le quadrilatère circonscrit* $MM_1M'M'_1$ *dont on assujettit l'une des diagonales* $M_1M'_1$ *à passer par un point fixe* E, *l'autre diagonale enveloppe en général une courbe de classe* $2\nu$ *admettant la droite* QQ' *pour tangente multiple d'ordre* $\nu$. *Si le lieu des pôles de* QQ' *passe* $p$ *fois par* E, $q$ *fois par* Q *et* $q$ *fois par* Q', *l'enveloppe est de classe* $2\nu - p - 2q$ *et admet* QQ' *pour tangente multiple d'ordre* $\nu - 2q$.

Lorsque dans ces théorèmes Q, Q' sont les points cycliques, les droites MM', $M_1M'_1$ deviennent les axes de la conique et le pôle P de la droite de l'infini QQ' est le centre de la conique envisagée.

## VIII. — LIEUX DE FOYERS

21. XXIV. — *Le lieu des foyers des coniques* ($\mu$, $\nu$) *qui ne coupent pas la droite de l'infini en un ou deux points donnés, ne sont pas tangentes à deux droites parallèles et dont un axe ne passe pas par un point donné, est une courbe d'ordre* $3\nu$ *admettant les points cycliques* I, J *pour points multiples d'ordre* $\nu$. (*Courbes géométriques remarquables*, t. I, p. 270.)

On sait qu'on appelle foyer d'une conique, et plus généralement d'une courbe le point de rencontre de deux tangentes à cette courbe menées par les points cycliques. Le théorème précédent est donc un cas particulier de celui-ci.

XXV. — *Si de deux points* Q, Q' *on mène des tangentes à chacune des coniques d'un système* ($\mu$, $\nu$), *le lieu des points* M *d'intersection est en général une courbe d'ordre* $3\nu$ *qui admet les points* Q, Q' *pour points multiples d'ordre* ν. (*Courbes géométriques remarquables*, t. I, p. 269.)

Ces théorèmes sont dus à Chasles, qui les a publiés sans démonstration. Je les ai étendus aux courbes de classe quelconque et j'ai montré en particulier (N. A., janvier 1920) que :

*Le lieu des foyers des courbes de classe n appartenant à un système de caractéristiques* (μ, ν), *ne touchant pas toutes la droite de l'infini et n'ayant pas leurs directions asymptotiques données, est une courbe d'ordre* ν (2 *n*—1) *admettant les points cycliques pour points multiples d'ordre* ν (*n*—1).

Il y a d'ailleurs lieu de compléter les théorèmes XXIV et XXV par d'autres que j'ai déjà indiqués en grande partie dans le tome I des *Courbes* et qu'on retrouvera plus loin. Voici une démonstration fort simple des théorèmes XXIV et XXV.

Supposons la droite QM donnée (*fig.* 3) et cherchons combien il y a de points du lieu sur cette droite. Il y a ν coniques tangentes à QM; en leur menant de Q' les tangentes, on détermine sur QM 2 ν points du lieu, qui ne coïncident pas avec le point Q. Or, il y a aussi en général ν coniques tangentes à QQ' et par suite au point Q ν intersections de la tangente Q'Q et des ν secondes tangentes QM menées de Q à ces ν coniques, autrement dit ν points du lieu confondus en Q. Il y a de même ν points du lieu confondus en Q'; le lieu est donc d'ordre 3 ν et l'on peut énoncer les théorèmes XXIV et XXV.

En considérant les points du lieu donnés par les coniques réduites du système, on peut ajouter que :

*Le lieu des foyers des coniques* (μ, ν) *et le lieu des points* M *du théorème* XXV *admettent pour points doubles les points doubles des coniques* (μ, ν) *réduites à deux droites et passent par les couples de points* R, S *qui forment les coniques* (μ, ν) *réduites à deux points; ils passent également, pour chacune de ces dernières coniques, par l'intersection* T *des droites* QR, Q'S *et l'intersection* U *des droites* QS, Q'R, Q *et* Q' *désignant, pour le théorème* XXIV, *les points cycliques.*

Si les coniques du système (μ, ν) sont toutes tangentes à QQ', il n'y a plus sur QM que ν points du lieu autres que Q : ce sont les points d'intersection de QM et des secondes tangentes menées de Q' aux ν coniques qui touchent QM; d'autre part, il y a μ : 2 coniques du système tangentes à QQ' en Q (th. IX); par conséquent le lieu passe μ : 2 fois au point Q. Un raisonnement analogue montre qu'il passe également μ : 2 fois en Q', et l'on peut par suite énoncer avec Chasles le théorème suivant :

XXVI. — *Si les coniques d'un système* (μ, ν) *sont toutes tangentes à une droite donnée* QQ', *le lieu du point d'intersection des tangentes qu'on peut leur mener de deux points fixes* Q, Q′ *de cette droite est d'ordre* $(\frac{\mu}{2} + \nu)$ *et admet deux points multiples d'ordre* $\mu : 2$ *en* Q, Q′.

Chasles a publié, sans en donner de démonstration, les théorèmes XXIV, XXV et XXVI. Le raisonnement qui nous a permis d'établir le théorème XXV suppose évidemment qu'il y a $\nu$ coniques tangentes à QQ′ et $\nu$ coniques tangentes à une droite QM. Si les coniques $(\mu, \nu)$ passent par un point fixe A de QQ′ (*fig.* 4), il n'y a plus que $\nu : 2$ coniques $(\mu, \nu)$ tangentes en A à QQ′ (th. II, p. 26), le point Q est donc point multiple d'ordre $\nu : 2$ du lieu, ainsi que le point Q′, et le lieu est d'ordre $2\nu + (\nu : 2) = 5\nu : 2$.

Si les coniques du système $(\mu, \nu)$ passent par deux points fixes A, B de QQ′ (*fig.* 4), il n'y a plus de conique non décomposée tangente à QQ′; d'autre part, toute conique du système décomposée en deux droites et tangente à QQ′ se compose de AB (c'est-à-dire de QQ′) et d'une autre droite, le point d'intersection des tangentes qu'on peut lui mener de Q et Q′ est indéterminé sur QQ′, qui constitue par conséquent un lieu étranger à la question; même conclusion pour toute conique du système tangente à QQ′ et décomposée en deux points, M, N, qui appartiennent nécessairement à la droite AB; le lieu véritable ne passe donc pas, en général, par Q et Q′ et l'on voit qu'il est alors d'ordre $2\nu$.

Si les coniques $(\mu, \nu)$ sont assujetties à toucher QQ′ en un point fixe, il n'y a plus que $\nu$ points du lieu sur une droite QM, le lieu est d'ordre $\nu$, car les coniques décomposées, comme on le démontre facilement, ne donnent pas de point du lieu au point Q. On peut donc compléter les théorèmes XXV et XXVI de Chasles par les suivants:

XXVII. — *Le lieu des points d'intersection des tangentes menées de deux points* Q, Q′ *aux coniques* $(\mu, \nu)$ *assujetties à passer par un point fixe* A *de* QQ′ *est une courbe d'ordre* $5\nu : 2$ *qui admet les points* Q *et* Q′ *pour points multiples d'ordre* $\nu : 2$.

XXVIII. — *Si les coniques d'un système* $(\mu, \nu)$ *sont toutes assujetties à passer par deux points fixes* A, B, *le lieu des points d'intersection des tangentes qu'on peut leur mener de deux points fixes* Q, Q′ *de* AB *est une courbe d'ordre* $2\nu$.

XXIX. — *Si les coniques d'un système* $(\mu, \nu)$ *sont assujetties à toucher une droite fixe* QQ′ *en un point donné, le lieu de l'intersection des tangentes menées à ces coniques de deux points donnés de* QQ′ *est une courbe d'ordre* $\nu$.

Les cas précédents ne sont évidemment pas les seuls où il n'y a pas $\nu$ coniques tangentes à QQ′. Supposons, par exemple, que le pôle P de QQ′ par rapport aux coniques $(\mu, \nu)$ soit fixe (*fig.* 3). Menons de Q et Q′ les tangentes $QMM_1$, $QM'M'_1$, $Q'MM'_1$, $Q'M'M_1$ à l'une des coniques ($\mu$, $\nu$), le pôle P de QQ′ est l'intersection de MM′ et de $M_1M'_1$. Cherchons le nombre des points du lieu situés sur la droite QM; il y en a $2\nu$, puisqu'il y a $\nu$ coniques tangentes à QM; d'autre part, il n'y a pas de coniques ($\mu$, $\nu$), non décomposées, tangentes à QQ′, puisque le pôle P de QQ′, point donné, n'appartient pas à QQ′. On montrerait comme précédemment que les coniques ($\mu$, $\nu$) tangentes à QQ′ et décomposées soit en deux droites soit en deux points ne donnent pas de points du lieu en Q. On peut donc encore énoncer ce théorème :

XXX. — *Le lieu des intersections des tangentes menées de deux points donnés* Q, Q′ *à un système de coniques* ($\mu$, $\nu$) *telles que le pôle de* QQ′ *par rapport à ces coniques soit un point donné* P *est une courbe d'ordre* $2\nu$.

Supposons maintenant que les coniques ($\mu$, $\nu$) soient tangentes à deux droites OQ, OQ′, passant par Q et Q′ (*fig.* 5); le lieu de l'intersection M des secondes tangentes menées de Q et Q′ aux coniques ($\mu$, $\nu$) est d'ordre $\nu$, car sur une droite QM passant par Q il y a autant de points du lieu que de coniques du système tangentes à QM, c'est-à-dire $\nu$, et il n'y en a pas d'autres, car les coniques tangentes à QQ′ ne donnent cette fois aucun point du lieu en Q, puisque QO est une droite fixe, $\nu$ points du lieu correspondant à ces coniques sont tout simplement les $\nu$ points où elles touchent QQ′ et il n'y a pas en général de point du lieu ni en Q ni en Q′. Donc :

XXXI. — *Quand un système de coniques* ($\mu$, $\nu$) *sont tangentes à deux droites données* OQ, OQ′, *le lieu de l'intersection* M *des secondes tangentes menées à ces coniques de deux points fixes* Q, Q′ *de ces droites est une courbe d'ordre* $\nu$.

Ce raisonnement s'applique encore si les coniques tangentes à OQ, OQ′ passent par deux points fixes A, B de QQ′, mais alors la conique décomposée en deux points Q, Q′ compte pour une conique du système tangente à QM et ne donne pas de point du lieu sur QM. Les coniques passant par deux points et tangentes à deux droites se décomposant en deux familles, le lieu se réduit par suite à deux droites au lieu de deux coniques, comme c'est le cas lorsque A et B ne sont pas sur QQ′ (th. 992).

Supposons que dans les théorèmes XXV à XXXI, les points Q, Q′ sont les points cycliques du plan, le théorème XXV deviendra le théorème XXIV, les théorèmes XXVI à XXXI donneront les suivants :

XXXII. — *Le lieu des foyers des paraboles d'un système* ($\mu$, $\nu$) *dont la direction de l'axe n'est pas donnée est une courbe de l'ordre* $(\frac{\mu}{2} + \nu)$ *qui admet les points cycliques pour points multiples d'ordre* $\mu : 2$. (*Courbes géométriques*, t. I, p. 270.)

XXXIII. — *Le lieu des foyers des coniques* ($\mu$, $\nu$) *ayant une direction asymptotique donnée est une courbe d'ordre* 5 $\nu$ : 2 *qui admet les points cycliques pour points multiples d'ordre* $\nu$ : 2.

XXXIV. — *Le lieu des foyers des coniques d'un système* ($\mu$, $\nu$) *assujetties à avoir leurs directions asymptotiques données est d'ordre* 2$\nu$. (*Courbes*, t. I, p. 270.)

XXXV. — *Le lieu des foyers des paraboles d'un système* ($\mu$, $\nu$) *dont la direction de l'axe est donnée est une courbe d'ordre* $\nu$. (*Courbes*, t. I, p. 270.)

XXXVI. — *Le lieu des foyers des coniques* ($\mu$, $\nu$) *dont le centre est donné est une courbe d'ordre* 2 $\nu$.

XXXVII. — *Le lieu du second foyer des coniques* ($\mu$, $\nu$) *dont un foyer est donné est une courbe d'ordre* $\nu$.

Nous allons appliquer le théorème XXIV aux cas les plus simples des systèmes de coniques dont nous avons donné les caractéristiques. Auparavant nous rappellerons que le lieu des foyers passe par les couples de points qui forment l'une des sortes de coniques dégénérées du système ($\mu$, $\nu$) et qu'il admet pour points doubles les points doubles des coniques de ce système réduites à deux droites. Ainsi la cubique circulaire du théorème 831 passe par les quatre sommets du quadrilatère et par les points de rencontre des côtés opposés; la sextique bicirculaire du théorème 826 admet le point de rencontre des diagonales et les points de rencontre des côtés opposés pour points doubles, etc.

*Applications du théorème* XXIV :

*Le lieu des foyers des coniques :*

826. Circonscrites à un quadrilatère est une sextique bicirculaire admettant pour points doubles le point de rencontre des diagonales et les points de rencontre des côtés opposés. (3 $\nu$ = 6.) (Salmon, p. 217.)

827. Circonscrites à un triangle et tangentes à une droite est une courbe du 12e ordre admettant les points cycliques pour points quadruples. (3 $\nu$ = 12.)

828. Passant par deux points et tangentes à deux droites se compose de deux sextiques bicirculaires (deux séries où $\nu$ = 2).

829. Passant par deux points A et B et tangentes à deux droites issues d'un point O de AB est une sextique bicirculaire.

830. Inscrites à un triangle et passant par un point donné est une sextique bicirculaire.

831. Inscrites à un quadrilatère est une cubique circulaire passant par les six sommets du quadrilatère. (3 $\nu$ = 3.) (Koehler, p. 318, *Courbes*, t. I, p. 140, Salmon, p. 277.)

832. Tangentes à deux droites OA, OB en deux points donnés A,

B est une cubique circulaire de point double O passant par A et B. ($3\nu = 3$.) (A. et P., t. II, p. 362.) (C'est une strophoïde.)

833. Passant par un point, tangentes à deux droites dont l'une en un point donné est une sextique bicirculaire.

834. Passant par deux points, tangentes à une droite en un point donné est une sextique bicirculaire.

835. Tangentes à trois droites dont l'une en un point donné est une cubique circulaire.

836. Passant par deux points et *admettant un point* P *pour pôle* d'une droite donnée est une sextique bicirculaire.

837. Tangentes à deux droites et admettant un point P pour pôle d'une droite donnée est une cubique circulaire.

838. Passant par un point, tangentes à une droite et admettant un point P pour pôle d'une droite donnée est une sextique bicirculaire.

839. Tangentes à une droite en un point donné et admettant un point P pour pôle d'une droite donnée est une cubique circulaire.

840. Passant par trois points et *conjuguées par rapport à deux points* est une sextique bicirculaire.

841. Passant par deux points, tangentes à une droite et conjuguées par rapport à deux points est du 12e ordre.

842. Inscrites à un triangle et conjuguées par rapport à deux points est une sextique bicirculaire.

843. Tangentes à deux droites dont l'une en un point donné et conjuguées par rapport à deux points est une sextique bicirculaire.

844. Passant par un point, tangentes à une droite en un point donné et conjuguées par rapport à deux points est une sextique bicirculaire.

845. Passant par un point, tangentes à deux droites OX, OY, et dont la polaire de O passe par un point P est une sextique bicirculaire.

846. Tangentes à une droite *d*, à deux droites OX, OY, et dont la polaire de O passe par un point P est une cubique circulaire.

847. Inscrites à un triangle et *conjuguées par rapport à deux droites* est une cubique circulaire.

848. Passant par un point, tangentes à deux droites et conjuguées par rapport à deux droites est une sextique bicirculaire.

849. Circonscrites à un triangle et conjuguées par rapport à deux droites est du 12e ordre.

850. Passant par un point, tangentes à une droite en un point donné et conjuguées par rapport à deux droites est une sextique bicirculaire.

851. Tangentes à deux droites dont l'une en un point donné et conjuguées par rapport à deux droites est une cubique circulaire.

852. Passant par deux points A, B, un troisième point C (ou tangentes à une droite Δ) et dont le pôle de AB décrit une droite D est une sextique bicirculaire.

853. Passant par un point et *conjuguées à un triangle* est une sextique bicirculaire.

854. Tangentes à une droite et conjuguées à un triangle est une cubique circulaire.

855. Circonscrites à un triangle ABC et *tangentes à une conique* (S) est de 36e ordre. Si (S) passe par A, le lieu est du 24e ordre; si (S) est tangente à AB, il est du 30e ordre; si (S) passe par A et B, il est du 12e ordre; si (S) est tangente à AB et AC, il est du 24e ordre; si (S) est tangente à AB et passe en C ou si (S) est inscrite à ABC, le lieu est du 18e ordre.

856. Passant par deux points A, B, tangentes à une droite et à une conique (S) est du 48e ordre. Si (S) passe par A et B, le lieu se décompose en deux courbes du 12e ordre.

857. Passant par un point, tangentes à deux droites *a*, *b*, et à une conique (S) est du 36e ordre. Si (S) touche *a* et *b*, le lieu se décompose en deux sextiques bicirculaires.

858. Inscrites à un triangle ABC et touchant une conique (S) est du 18e ordre; si (S) passe par A, le lieu est du 15e ordre; si (S) passe par A et B, le lieu est du 12e ordre; si (S) touche BC, le lieu est du 12e ordre; si (S) passe par A et touche BC, le lieu est du 9e ordre; si (S) est circonscrite à ABC, le lieu est du 9e ordre; si (S) touche AB et AC, le lieu est une sextique bicirculaire.

859. Passant par deux points A, B et ayant un *contact du* 2e *ordre* avec une conique (S) donnée est du 36e ordre. Si (S) est tangente à AB, le lieu est du 18e ordre.

860. Passant par un point, tangentes à une droite et ayant un contact du 2e ordre avec une conique (S) est du 36e ordre.

861. Tangentes à deux droites O*a*, O*b* et ayant un contact du 2e ordre avec une conique donnée (S) est du 18e ordre. Si (S) passe par O, le lieu est du 12e ordre.

862. Passant par un point et admettant un contact du 2e ordre en un point donné avec une conique donnée est une sextique bicirculaire.

863. Tangentes à une droite et admettant un contact du 2e ordre en un point donné avec une conique donnée est une cubique circulaire. ($3\nu = 3$.) (A. et P., t. II, p. 392.)

864. Ayant un *contact du* 3e *ordre* avec une conique donnée et passant par un point (ou touchant une droite) est du 12e ordre.

865. Ayant un contact du 3e ordre en un point donné avec une conique donnée est une cubique circulaire. ($3 \nu = 3$.) (Koehler, p. 302.)

866. Passant par deux points (ou tangentes à deux droites), et *bitangentes à une conique* se compose de deux sextiques bicirculaires.

867. Passant par un point, tangentes à une droite et bitangentes à une conique est du 12e ordre.

868. Passant par deux points A, B, et bitangentes à une conique tangente à AB est une sextique bicirculaire.

869. Passant par un point (ou tangentes à une droite) et bitangentes à une conique donnée, l'un des points de contact étant donné, est une sextique bicirculaire.

870. Tangentes à une droite en un point donné et bitangentes à une conique donnée est une sextique bicirculaire.

871. Bitangentes à deux coniques données (non à des cercles) se compose de trois sextiques bicirculaires.

872. Tangentes à deux droites $a$, $b$ et à *deux coniques* tangentes à $a$ et $b$ se compose de deux sextiques bicirculaires.

873. Passant par deux points et touchant deux coniques données est du 168e ordre.

874. Passant par un point et touchant trois coniques données est du 672e ordre.

875. Tangentes à une droite et à trois coniques données est du 552e ordre.

876. Inscrites à un triangle et dont le centre décrit une droite D est une cubique circulaire. ($3 \nu = 3$.) (J. S. 1888, p. 113.)

877. Inscrites à un triangle et *vues d'un point* P *sous un angle droit* est une cubique circulaire.

878. Circonscrites à un triangle et vues d'un point P sous un angle droit est du 12e ordre.

879. Conjuguées à un triangle et vues d'un point P sous un angle droit est une cubique circulaire.

880. Inscrites à un triangle et *vues d'un point* P *sous un angle* $\theta$ (non droit) est une sextique bicirculaire.

881. Circonscrites à un triangle et vues d'un point P sous un angle $\theta$ est du 24e ordre.

882. Conjuguées à un triangle et vues d'un point P sous un angle $\theta$ est une sextique bicirculaire.

Nous laisserons au lecteur le soin d'appliquer les théorèmes XXXII et XXXV aux divers systèmes de paraboles qu'on peut déduire du tableau des caractéristiques en y remarquant qu'une parabole est une conique tangente à une droite fixe, la droite de l'infini; ces deux théorèmes, et tout particulièrement le premier, qui est dû à Chasles, font connaître les lieux des foyers de la plupart des systèmes de paraboles. Nous nous contenterons ici de donner quelques exemples des théorèmes XXXIII, XXXIV, XXXVI et XXXVII.

*Le lieu des foyers des coniques ayant une direction asymptotique donnée et :*

883. Circonscrites à un triangle est une quintique circulaire. ($5\nu : 2 = 5$.)

884. Inscrites à un triangle est une quintique circulaire.

885. Tangentes à deux droites dont l'une en un point donné est une quintique circulaire.

886. Passant par un point et tangentes à une droite en un point donné est une quintique circulaire.

887. Passant par deux points et tangentes à une droite est une courbe du 10e ordre bicirculaire.

888. Passant par un point et tangentes à deux droites se compose de deux quintiques circulaires.

*Le lieu des foyers des coniques de directions asymptotiques données et :*

889. Passant par deux points donnés A, B est du 4e ordre (et se compose d'ailleurs de deux coniques qui passent par les intersections de AM, BN, et de AN, BM, en désignant par M, N les deux points à l'infini des coniques). ($2\nu = 4$.) (A. et P., t. II, p. 357.) (Koehler, p. 106, indique à tort une seule conique.)

890. Passant par un point et tangentes à une droite est du 8e ordre.

891. Tangentes à deux droites se compose de deux quartiques.

892. Tangentes à deux parallèles est une quartique.

893. Tangentes à une droite en un point donné est une quartique.

894. Admettant un point P pour pôle d'une droite donnée est une quartique.

*Le lieu des foyers des coniques de centre donné et :*

895. Passant par deux points (ou circonscrites à un parallélogramme) est une quartique. ($2\nu = 4$.) (A. et P., t. II, p. 365.)

896. Tangentes à deux droites (ou inscrites à un parallélogramme) est une conique circonscrite au parallélogramme. ($2\nu = 2$.) (Le lieu est une hyperbole équilatère.) (Papelier, *Coordonnées tangentielles*, p. 168.)

897. Passant par un point et tangentes à une droite est une quartique.

898. Tangentes à une droite en un point donné est une conique passant par ce point. ($2\nu = 2$.) (N. A., 1893, p. 39.)

899. Passant par un point et conjuguées par rapport à deux points est une quartique.

900. Tangentes à un point et conjuguées par rapport à deux points est une quartique. ($2\nu = 4$.) (A. et P., t. II, p. 366.)

*Lieu du second foyer des coniques* ($\mu$, $\nu$) *dont un foyer est donné.*

Le lieu du second foyer des coniques de foyer F :

901. Tangentes à deux droites est une droite. ($\nu = 1$.) (J. M. E., 16e année, p. 140.)

902. Passant par un point, tangentes à une droite est une conique. ($\nu = 2$.) (J. M. E., 1910-11, p. 151.)

903. Passant par deux points se compose de deux coniques. (Deux séries pour lesquelles $\nu = 2$.) (R. M. S., 1896, p. 478.)

904. Ayant leurs directions asymptotiques données se compose de deux droites. (R. M. S., 1896, p. 385.)

Le système de coniques se décompose en effet en deux séries et il y a seulement deux coniques tangentes à trois droites IF, FJ, I$\varphi$ et passant par deux points A, B en ligne droite avec I, car la caractéristique $\nu$ des coniques tangentes aux droites IF, I$\varphi$ et passant par deux points A, B en ligne droite avec I est 2 (I, J désignant les points cycliques, A, B les points à l'infini des directions asymptotiques); par conséquent, il y a seulement deux points du lieu sur une droite isotrope quelconque I$\varphi$ et par suite, à cause des deux séries de coniques, le lieu se compose de deux droites.

905. Tangentes à une droite en un point donné est une droite. ($\nu = 1$.) (R. M. S., 1901, p. 589.)

906. Tangentes à une droite et conjuguées par rapport à deux points est une conique.

907. Tangentes à une droite et conjuguées par rapport à deux droites est une droite.

908. Passant par un point et conjuguées par rapport à deux droites est une conique.

909. Passant par un point et *touchant une conique* donnée est du 12e ordre.

910. Passant par un point et touchant une conique de foyer F se compose de deux coniques. ($\nu = 4$, avec deux séries.)

911. Tangentes à une droite et touchant une conique est une sextique.

912. Tangentes à une droite *d* et touchant une conique tangente à *d* est une quartique.

913. Tangentes à une droite et touchant une conique de foyer F est une conique.

914. Tangentes à une droite et touchant une conique passant par F est une quintique.

915. Tangentes à une droite *d* et touchant une conique passant par F et tangente à *d* est une cubique.

916. Ayant un *contact du* 2e *ordre* avec une conique donnée est une sextique.

917. Ayant un contact du 2e ordre avec une conique passant par F est une quartique.

918. *Bitangentes* à une conique S se compose de deux coniques. ($\nu = 4$, avec deux séries.) (Ces deux coniques sont les coniques homofocales à S qui passent en F. Voir Duporcq, *Premiers principes de géométrie moderne*, p. 97.)

919. Bitangentes à une conique passant par F est une conique.

920. Tangentes à *deux coniques* données est du 36e ordre.

921. Tangentes à une conique de foyer F et à une conique quelconque est du 12e ordre.

922. Tangentes à deux coniques de foyer F se compose de deux coniques. ($\nu = 4$, avec deux séries.)

923. Tangentes à deux coniques de foyer F qui se touchent en un point A est une conique.

924. Tangentes à une droite et *vues d'un point* P *sous un angle droit* est une droite.

925. Passant par un point et vues d'un point P sous un angle droit est une conique.

926. Tangentes à une droite et *vues d'un point* P *sous un angle donné* est une conique.

927. Passant par un point et vues d'un point P sous un angle donné est une quartique.

Quand l'une des directrices des coniques ($\mu$, $\nu$) est donnée, le lieu du foyer correspondant, qui est son pôle, est par conséquent, d'après le théorème I, une courbe d'ordre $\nu$.

## IX. — LIEUX DES POINTS D'INTERSECTION DE DEUX TANGENTES MENÉES DE DEUX POINTS DONNÉS.

**22.** XXV. — *Le lieu des points d'intersection des tangentes menées de deux points* P *et* Q *aux coniques* ($\mu$, $\nu$) *est une courbe d'ordre* $3\nu$ *qui admet les points* P, Q *pour points multiples d'ordre* $\nu$.

Ce théorème a été établi précédemment. Le lieu passe par les couples de points qui forment l'une des sortes de coniques dégénérées du système ($\mu$, $\nu$) et admet pour points doubles les points doubles des coniques de ce système réduites à deux droites.

En appliquant le théorème XXV aux cas les plus simples, on trouve que :

*Le lieu des points d'intersection des tangentes menées de deux points* P, Q *aux coniques:*

**928.** Circonscrites à un quadrilatère est une sextique qui admet pour nœuds les points P, Q, le point de rencontre des diagonales et les points d'intersection des côtés opposés. ($3\nu = 6$.) (Koehler, p. 329.)

Si les deux points P, Q sont pris sur l'un des côtés AB ou sur l'une des diagonales du quadrilatère, le lieu est du 4^e^ ordre (th. XXVIII). On peut encore remarquer que la sextique aurait huit points du lieu sur PQ, ce qui exige qu'elle se décompose en deux fois la droite PQ et une quartique d'ailleurs décomposée en deux coniques passant, si P et Q sont sur AB, par les intersections de AC, BD, et de AD, BC. On voit de même que le lieu de l'intersection des tangentes aux coniques circonscrites à un quadrilatère, menées de deux points situés sur la droite qui joint les points de rencontre des côtés opposés, est une quartique passant par ces deux points et admettant le point de rencontre des diagonales pour nœud.

**929.** Circonscrites à un triangle et tangentes à une droite est une courbe du 12^e^ ordre admettant P et Q pour points quadruples.

**930.** Passant par deux points et tangentes à deux droites se compose de deux sextiques de points doubles P et Q (deux séries de $\nu = 2$.)

**931.** Passant par deux points A et B et tangentes à deux droites issues d'un point O de AB est une sextique de points doubles P et Q.

**932.** Inscrites à un triangle et passant par un point donné est une sextique de points doubles P et Q.

**933.** Inscrites à un quadrilatère est une cubique passant par P et Q, par les quatre sommets et les points de rencontre des côtés opposés du quadrilatère.

Si les quatre tangentes communes se composent de deux droites passant par un point O de PQ et de deux autres droites passant par un second point R de PQ, il n'y a plus de conique du système non décomposée tangente à PQ, la conique décomposée en O et R donne pour lieu la droite PQ, et le lieu réel est par suite d'ordre 2, $\nu = 2$, c'est une conique circonscrite au quadrilatère circonscrit aux coniques envisagées. En particulier, le lieu des foyers des coniques inscrites à un parallélogramme est une conique circonscrite à ce parallélogramme.

**934.** Tangentes à deux droites OA, OB en deux points donnés A,B est une cubique de nœud O, passant par P, Q, A et B.

**935.** Tangentes à trois droites dont l'une en un point donné est une cubique.

**936.** Passant par un point, tangentes à une droite et à une seconde droite en un point donné est une sextique.

**937.** Passant par deux points et tangentes à une droite en un point donné est une sextique.

**938.** Tangentes à deux droites et ayant une asymptote donnée est une cubique.

**939.** Ayant les deux asymptotes données est une cubique.

**940.** Passant par deux points et de centre donné est une sextique.

**941.** Tangentes à deux droites et de centre donné est une cubique.

**942.** Passant par un point, tangentes à une droite et de centre donné est une sextique.

**943.** Passant par deux points et de foyer donné se compose de deux sextiques (deux séries de $3\nu = 6$).

**944.** Passant par deux points A, B et ayant un foyer donné F situé sur AB est une sextique.

**945.** Passant par un point, tangentes à une droite et ayant un foyer donné est une sextique.

**946.** Tangentes à deux droites et ayant un foyer donné est une cubique.

**947.** Ayant un foyer et la directrice correspondante donnés est une cubique.

**948.** Ayant les deux foyers donnés est une cubique.

**XXVI.** — *Le lieu du point d'intersection des tangentes menées de deux points* P *et* Q *aux coniques touchant* PQ *est une courbe d'ordre* $\frac{\mu}{2} + \nu$, *admettant* P *et* Q *pour points multiples d'ordre* $\frac{\mu}{2}$. (*Courbes*, t. I, p. 269. Voir également p. 79 du présent ouvrage.)

Comme le précédent, ce lieu passe par les couples de points qui forment les coniques du système dégénérées en deux points, et admet pour points doubles les points doubles des coniques dégénérées en deux droites.

On en conclut, par exemple, que le lieu du théorème 953 est la conique circonscrite au triangle ABC et qui passe par P et Q.

*Le lieu du point d'intersection des tangentes menées de deux points* P *et* Q *aux coniques touchant* PQ :

**949.** Circonscrites à un triangle est une quintique passant par P et Q.

**950.** Passant par deux points et tangentes à une seconde droite se compose de deux cubiques passant par P et Q.

**951.** Passant par deux points A, B et tangentes à une droite menée par l'intersection de AB et de PQ est une cubique passant par P et Q.

**952.** Passant par un point et tangentes à deux droites autres que PQ est une quartique de points doubles P et Q.

**953.** Inscrites à un triangle ABC est la conique passant par A, B,C, P et Q. (N. A., 1896, p. 466.)

**954.** Passant par un point et tangentes à une droite en un point donné est une cubique passant par P et Q.

**955.** Tangentes à deux autres droites, dont l'une en un point donné, est une conique passant par P et Q.

**956.** Conjuguées à un triangle est une conique passant par P et Q.

**957.** Tangentes à une droite et admettant un point donné pour pôle d'une droite donnée (ou ayant un centre donné) est une conique.

**958.** Passant par un point et admettant un point donné pour pôle d'une droite donnée (ou ayant un centre donné) est une cubique.

**959.** Passant par un point et ayant un foyer donné est une quartique.

**960.** Passant par deux points et *conjuguées par rapport à deux autres points* est une quintique.

**961.** Passant par un point, tangentes à une droite et conjuguées par rapport à deux points est une sextique.

**962.** Conjuguées par rapport à deux points et de centre donné est une cubique.

**963.** Tangentes à deux droites (ou à une droite en un point donné) et *conjuguées par rapport à deux autres droites* est une conique.

**964.** Passant par un point, tangentes à une droite et conjuguées par rapport à deux autres droites est une quartique.

**965.** Conjuguées par rapport à deux droites et de centre donné (ou admettant un point donné pour pôle d'une droite donnée) est une conique.

**966.** Conjuguées à un triangle est une conique.

**967.** Passant par deux points et normales à une droite est du 11e ordre.

**968.** Passant par un point, tangentes à une droite et *normales* à une droite est du 10e ordre.

**969.** Tangentes à deux droites et normales à une droite est une sextique.

**970.** Passant par un point et normales à deux droites est du 21e ordre.

**971.** Tangentes à une droite et normales à deux droites est du 16e ordre.

972. Passant par deux points et *tangentes à une conique* est du 22^e^ ordre.

973. Passant par deux points A, B et tangentes à une conique passant par A et B se compose de deux quintiques.

974. Passant par un point, tangentes à une droite et à une conique est du 20^e^ ordre.

975. Tangentes à deux droites et à une conique est du 12^e^ ordre.

976. Tangentes à deux droites O*a*, O*b* et à une conique qui touche O*a* et O*b* est une quartique de nœuds O, P, Q.

977. Bitangentes à une conique donnée, l'un des points de contact étant fixe, l'autre variable, est une cubique passant par P et Q.

978. Admettant un contact du 2^e^ ordre avec une conique en un point donné est une conique passant par P et Q.

979. Ayant un contact du 3^e^ ordre avec une conique donnée est une sextique de points doubles P et Q.

*Le lieu du point d'intersection des tangentes menées de deux points* P *et* Q *aux coniques tangentes à* PQ *en un point donné est une courbe d'ordre* $\nu$. (*Courbes*, t. I, p. 269.)

Donc :

*Le lieu du point d'intersection des tangentes menées de deux points* P *et* Q *aux coniques tangentes à* PQ *en un point donné et :*

980. Passant par deux points est une conique. ($\nu = 2$) (N. A., 1896, p. 439.) En particulier, le lieu des foyers des paraboles qui passent par deux points fixes *a* et *b* et dont l'axe a une direction donnée est une conique. (Duporcq, *Premiers principes de Géométrie moderne*, p. 114.)

En particulier le lieu de l'intersection des tangentes menées de P et Q aux cercles tangents à PQ en un point donné est une conique. (*Éducation mathématique*, 1922-23, p. 14.)

981. Tangentes à deux autres droites est une droite. ($\nu = 1$.)

982. Passant par un point et tangentes à une autre droite est une conique. ($\nu = 2$.)

983. Tangentes à une autre droite en un point donné est une droite.

984. Admettant un point P pour pôle d'une droite D est une droite.

985. Passant par un point et conjuguées par rapport à deux points est une conique.

986. Tangentes à une droite et conjuguées par rapport à deux points est une conique.

987. Passant par un point et conjuguées par rapport à deux droites est une conique.

988. Tangentes à une droite et conjuguées par rapport à deux droites est une droite.

989. Passant par un point et dont le centre décrit une droite est une conique.

990. Tangentes à une droite et dont le centre décrit une droite est une droite.

991. Bitangentes à une conique donnée est une conique.

XXXI. — *Le lieu de l'intersection* M *des secondes tangentes menées de deux points* P, Q *aux coniques tangentes à deux droites* OP, OQ *est d'ordre* $\nu$.

La démonstration de ce théorème a été donnée précédemment. On en conclut que :

*Le lieu du point de rencontre des tangentes menées de deux points* P, Q *aux coniques tangentes aux droites* OP, OQ *et :*

992. Passant par deux points se compose de deux coniques. (2 séries de $\nu = 2$.)

993. Passant par deux points en ligne droite avec O est une conique. ($\nu = 2$.)

994. Tangentes à une autre droite et passant par un point est une conique. ($\nu = 2$.)

995. Tangentes à OP, OQ en deux points donnés A, B est une droite.

996. Tangentes à une troisième droite en un point donné est une droite.

997. Tangentes à deux autres droites est une droite.

998. Admettant un point P pour pôle d'une droite D est une droite.

999. Passant par un point et conjuguées par rapport à deux points est une quartique.

1000. Passant par un point et conjuguées par rapport à deux droites est une conique.

1001. Dont le centre est donné est une droite.

1002. De foyer donné est une droite.

1003. Passant par un point et dont le centre décrit une droite est une conique.

1004. Tangentes à une troisième droite et dont le centre décrit une droite est une droite.

Nous nous arrêterons à ces exemples simples, il sera facile au lecteur d'en ajouter d'autres.

## X. — ENVELOPPES DE DIRECTRICES

**23.** XXXVIII. — *L'enveloppe des directrices des coniques d'un système* (μ, ν) *est en général une courbe de classe* 2 μ + ν *admettant la droite de l'infini pour tangente multiple d'ordre* ν. (*Courbes géométriques remarquables*, t. I, p. 268.)

Ce théorème est un cas particulier du suivant, établi p. 267 du t. I des *Courbes* :

XXXIX. — *Étant donnés un système de coniques* (μ, ν) *et deux points* Q, Q′, *si de ces points on mène des tangentes* QM, Q′M, QM′, Q′M′ *à l'une de ces coniques, l'enveloppe des polaires des points* M, M′ *est une courbe de classe* 2 μ + ν *admettant la droite* QQ′ *pour tangente multiple d'ordre* ν.

Lorsque Q et Q′ sont les points cycliques du plan, M, M′ sont foyers de la conique et leurs polaires sont les directrices.

Considérons encore le quadrilatère $MM_1$ $M'M'_1$ (*fig.* 3) formé en menant de Q et Q′ les tangentes $QMM_1$, $QM'M'_1$, $Q'M'M_1$, $Q'M'_1M$ à une conique (Σ) du système, et soient R et S les points où MM′, $M_1M'_1$ coupent QQ′; ces points sont conjugués harmoniques par rapport à Q et Q′; si donc l'un d'eux est fixe, l'autre l'est aussi. Le point S est le pôle de MM′, par conséquent les polaires AB et CD de M et M′ passent par S. Leur enveloppe admet la droite QQ′ pour tangente multiple d'ordre ν, puisqu'il y a ν coniques (Σ) tangentes à QQ′. D'autre part, à chaque droite MM′ passant par le point R supposé fixe correspondent deux droites AB, CD, polaires de M et M′, passant au point fixe S. Or, d'après le théorème VIII, les polaires d'un point S par rapport aux coniques (μ, ν) enveloppent une courbe de classe μ et par conséquent μ tangentes à cette courbe passent par le point fixe R, donc il y a μ droites MM′, non confondues avec QQ′, qui passent au point fixe R, et par suite 2 μ droites telles que AB, CD, c'est-à-dire 2 μ polaires de points M et M′, non confondues avec QQ′ et passant en S. Le point S étant un point quelconque de la droite QQ′, on en conclut que l'enveloppe des polaires des points M et M′ est une courbe de classe 2 μ + ν admettant QQ′ pour tangente multiple d'ordre ν.

Le théorème XXXIX suppose bien entendu qu'il y a ν coniques et ν seulement tangentes à la droite de l'infini, il ne s'applique donc pas aux cas où les coniques (μ, ν) sont toutes tangentes à QQ′, ou passent par un point fixe U de QQ′, ou coupent QQ′ en deux points donnés. Nous avons examiné au tome I des *Courbes* le cas où les coniques sont toutes tangentes à QQ′ et fait connaître le théorème correspondant. Lorsque les coniques (μ, ν) passent par un point fixe U de QQ', il n'y a plus que $\nu : 2$ coniques $(\mu, \nu)$ tangentes à QQ' et par conséquent :

XL. — *Étant donnés deux points fixes* Q, Q' *et un système de coniques* $(\mu, \nu)$ *coupant* QQ' *en un point donné* U, *si de* Q *et* Q' *on mène les tangentes* QM, Q'M, QM', Q'M' *à l'une de ces coniques, l'enveloppe des polaires des points* M,M' *est une courbe de classe* $2\mu + \frac{\nu}{2}$ *admettant la droite* QQ' *pour tangente multiple d'ordre* $\nu : 2$.

En particulier,

XLI. — *L'enveloppe des directrices des coniques d'un système* $(\mu, \nu)$ *ayant une direction asymptotique donnée est une courbe de classe* $2\mu + \frac{\nu}{2}$ *admettant la droite de l'infini pour tangente multiple d'ordre* $\nu : 2$.

Lorsque les coniques $(\mu, \nu)$ coupent la droite QQ' en deux points fixes U, V, les points R, S, conjugués harmoniques par rapport à U, V et à Q, Q', sont fixes; les droites AB, CD, polaires de M et M', concourent au point fixe S.

Du théorème XXXVIII on déduit, en considérant les cas les plus simples, que :

*L'enveloppe des directrices des coniques :*

1005. Circonscrites à un quadrilatère est une courbe de 4e classe bitangente à la droite de l'infini IJ. ($2\mu + \nu = 4$.)

1006. Inscrites à un quadrilatère est une courbe de 5e classe tangente à la droite de l'infini IJ. ($2\mu + \nu = 5$.)

1007. Tangentes à deux droites et passant par deux points se compose de deux courbes de 6e classe bitangentes à la droite de l'infini IJ. (Deux séries pour lesquelles $2\mu + \nu = 6$.)

1008. Tangentes à deux droites données en deux points donnés est une courbe de 3e classe tangente à IJ.

1009. Inscrites à un triangle et passant par un point P est une courbe de 10e classe bitangente à IJ.

1010. Passant par un point, tangentes à deux droites dont l'une en un point donné, est de 6e classe bitangente à IJ.

1011. Passant par deux points, tangentes à une droite en un 3e point donné, est une courbe de 4e classe bitangente à IJ.

1012. Tangentes à trois droites et touchant l'une d'elles en un point donné est de 5e classe tangente à IJ.

1013. Passant par deux points et *admettant un point* P *pour pôle* d'une droite D est une courbe de 4e classe bitangente à IJ.

1014. Tangentes à deux droites et admettant un point P pour pôle d'une droite D est de 5e classe tangente à IJ.

1015. Passant par un point, tangentes à une droite et admettant un point P pour pôle d'une droite D est de 6e classe bitangente à IJ.

1016. Tangentes à une droite en un point donné et par rapport auxquelles une droite D est polaire d'un point P est une courbe de 3e classe tangente à IJ.

1017. Ayant un contact du 3e ordre avec une conique donnée en un point donné est une courbe de 3e classe tangente à IJ.

1018. Circonscrites à un triangle et *conjuguées par rapport à deux points* est de 4e classe bitangente à IJ.

1019. Passant par deux points, tangentes à une droite et conjuguées par rapport à deux points est de 8e classe quadritangente à IJ.

1020. Inscrites à un triangle et conjuguées par rapport à deux points est de 10e classe bitangente à IJ.

1021. Tangentes à deux droites dont l'une en un point donné et conjuguées par rapport à deux points est de 6e classe bitangente à IJ.

1022. Passant par un point tangentes à une droite en un point donné et conjuguées par rapport à deux points, est de 4e classe bitangente à IJ.

1023. Passant par un point et conjuguées à un triangle est de 4e classe bitangente à IJ.

Pour les enveloppes de directrices relatives à un foyer donné, voir p. 57.

Enfin, on trouvera au tome I des *Courbes* un théorème qui fait connaître l'enveloppe de la seconde directrice des coniques $(\mu, \nu)$ dont l'autre directrice passe par un point fixe.

## XI. — LIEUX DES POINTS DE CONTACT DES TANGENTES MENÉES D'UN POINT

24. XLII. — *Le lieu des points de contact des tangentes menées d'un point* P *aux coniques* $(\mu, \nu)$ *est une courbe d'ordre* $(\mu + \nu)$ *admettant* P *pour point multiple d'ordre* $\mu$. (*Courbes géométriques*, t. I, p. 371.)

Il y a en effet $\mu$ coniques $(\mu, \nu)$ qui passent en P, ce qui montre que P est point multiple d'ordre $\mu$, et $\nu$ coniques $(\mu, \nu)$ tangentes à une droite quelconque P$\delta$ passant par P. Le lieu est donc d'ordre $(\mu + \nu)$. Le même raisonnement montre que le théorème est encore vrai pour les systèmes de courbes $(\mu, \nu)$ d'ordre quelconque. En particulier le lieu des points de contact des tangentes menées d'un point P aux courbes d'ordre $m$ d'un faisceau ponctuel est une courbe montre en effet que si $\mu = 1$, on a $\nu = 2(m - 1)$ et $\mu + \nu = 2m - 1$.)

Nous compléterons le théorème XLII, qui est dû à Chasles, par les remarques suivantes :

*La courbe lieu des points de contact des tangentes menées d'un point* P *aux coniques* $(\mu, \nu)$ *passe par les couples de points formant les coniques du système* $(\mu, \nu)$ *décomposées en deux points; elle passe également par les points doubles des coniques* $(\mu, \nu)$ *décomposées en deux droites et est tangente en chacun de ces points à la polaire de* P *par rapport aux deux droites correspondantes; enfin, elle passe encore par les points communs aux coniques* $(\mu, \nu)$ *et les admet pour points multiples d'ordre* $\nu : 2$.

Ces remarques permettent de connaître immédiatement un certain nombre de points du lieu, ainsi le lieu des points de contact des tangentes menées d'un point P aux coniques circonscrites à un quadrilatère ABCD est une cubique qui passe par P, par A, B, C, D, par le point de rencontre des diagonales et les points de rencontre des côtés opposés du quadrilatère; elle passe d'ailleurs aussi par le point de concours P′ des polaires de P, ce qui achève de déterminer la courbe. Le lieu des points de contact des tangentes menées de P aux coniques inscrites à un quadrilatère ABCD est la cubique de nœud P passant par les sommets A, B, C, D et par les points de rencontre des côtés opposés; le lieu des points de contact des tangentes menées d'un point P aux coniques tangentes à deux droites OA, OB en A et B est la conique passant par P, A, B, O et tangente en O à la polaire de P par rapport aux droites OA, OB.

Les remarques précédentes mettent également en évidence les cas de décomposition du lieu du théorème XLII. Ainsi le lieu des points de contact des tangentes aux coniques inscrites à un quadrilatère ABCD menées d'un point P de la diagonale AC est une conique passant en P, B, D, et par les points de rencontre des côtés opposés, car, dans le cas général le lieu est une cubique de nœud P passant par A, B, C, D et par les points de rencontre des côtés opposés. Cette cubique aurait ici quatre points en ligne droite : deux en P et les points A, C, donc elle se décompose en la droite PAC et une conique qui passera en P, ainsi que par B, D et les points de rencontre des côtés opposés. Le raisonnement qui nous a conduit au théorème XLII montrerait également que le lieu est une conique, car il n'y a plus qu'une seule conique $(\mu, \nu)$ non décomposée passant en P; le lieu est d'ordre $\nu + 1 = 2$ et passe en P; la conique réduite aux d'ordre $2m - 1$ passant par P. (Le principe de correspondance deux points A, C donne pour lieu correspondant la droite indéfinie PAC.

La démonstration que nous avons donnée du théorème XLII exige que $\mu$ coniques $(\mu, \nu)$ passent en P. Or, si P appartient à une tangente commune à toutes les coniques du système, il n'y a plus que $\mu : 2$ coniques $(\mu, \nu)$ passant en P; le lieu est alors d'ordre $\frac{\mu}{2} + \nu$. Si P appartient à une corde commune, AB, à toutes les coniques $(\mu, \nu)$, il n'y a aucune conique du système non décomposée passant par P; d'autre part toute conique $(\mu, \nu)$ passant en P et réduite à deux droites se composera de la droite PAB et d'une seconde droite, elle donne pour lieu la droite PAB elle-même; toute conique $(\mu, \nu)$ réduite à deux points M, N, devant passer par A et B, à ses points M, N sur AB, elle donne encore pour lieu la droite PAB. En laissant de côté ce lieu dû aux coniques dégénérées, on voit que le lieu véritable est une courbe d'ordre $\nu$, puisque sur toute droite PX il y a $\nu$ points du lieu (points de contact de PX et des $\nu$ coniques qui lui sont tangentes). Il convient donc de compléter le théorème de Chasles par les deux suivants :

XLIII. — *Quand les coniques* $(\mu, \nu)$ *sont tangentes à une droite* D, *le lieu des points de contact des tangentes menées d'un point* P *de* D *aux coniques est une courbe d'ordre* $(\frac{\mu}{2} + \nu)$ *admettant* P *pour point multiple d'ordre* $\mu : 2$, *les* $\frac{\mu}{2}$ *tangentes en* P *se confondant avec* D.

XLIV. — *Quand les coniques* $(\mu, \nu)$ *passent par deux points fixes* A, B, *le lieu des points de contact des tangentes menées d'un point* P *de* AB *aux coniques est une courbe d'ordre* $\nu$, *qui, en général, ne passe ni en* A *ni en* B.

Nous ajouterons à ces théorèmes celui-ci, qu'on démontre par des considérations analogues :

XLV. — *Quand les coniques* $(\mu, \nu)$ *touchent une droite donnée* OA *en un point fixe* A, *le lieu des points de contact des tangentes menées d'un point donné* P *de* OA *aux coniques est d'ordre* $\nu$.

Les raisonnements précédents supposent bien entendu que le point P n'est pas point double de l'une des coniques dégénérées en deux droites et n'est pas l'un des points des coniques dégénérées en deux points.

Si par exemple on cherche le lieu des points de contact des tangentes menées du point de rencontre P de AB et DC aux coniques circonscrites à ABCD, on voit que c'est une droite, car il n'y a plus qu'une conique passant par A, B, C, D et tangente à une droite quelconque P$\delta$ issue de P, donc un point du lieu sur P$\delta$; quant à la conique réduite aux droites PAB, PDC, les points de contact des tangentes menées de P à cette conique sont indéterminés sur PAB, PDC, et l'on peut encore dire que la cubique lieu des points de contact quand P est quelconque se décompose en PAB, PDC et la droite EF qui joint les points de rencontre des diagonales AC, BD et des côtés opposés AD, BC.

De ce qui précède on conclut que :

*Le lieu des points de contact des tangentes menées d'un point* P *aux coniques :*

1024. Circonscrites à un quadrilatère ABCD est une cubique passant par P, A, B, C, D, le point d'intersection des diagonales et les points de rencontre des côtés opposés. ($\mu + \nu = 3.$) (Koehler, p. 320.)

Si le point P est sur l'une des six droites joignant deux des quatre sommets, le lieu, d'ordre $\nu$ (th. XLIV), se réduit à une conique; si P est sur AB, c'est la conique passant par C, D, par les points de rencontre M, N des diagonales et des côtés opposés BC, AD et tangente en M et N aux polaires de P par rapport aux couples de droites AC, BD et AD, BC. Si le point P est l'intersection des côtés opposés AB, DC, le lieu est la droite MN.

En particulier :

Le lieu des points de contact des tangentes parallèles :

1° A une direction donnée aux coniques de directions asymptotiques données passant par deux points A, B est une conique circonscrite au parallélogramme qui a pour diagonale AB, et dont les côtés sont parallèles aux directions asymptotiques, elle coupe la droite de l'infini en deux points conjugués par rapport aux deux points à l'infini des coniques du système. Si les coniques sont des cercles, c'est par suite une hyperbole équilatère passant par A et B.

2° Au côté AB menées aux coniques circonscrites à ABCD est une conique passant par C, D, les points de rencontre M, N de AC, BD et de AD, BC et tangente en ces points aux polaires du point à l'infini de AB par rapport aux couples de droites AC, BD et AD, BC.

1025. Circonscrites à un triangle et touchant une droite est une sextique de nœud P. ($\mu + \nu = 6.$)

1026. Passant par deux points et touchant deux droites se compose de deux quartiques de nœud P.

1027. Passant par deux points A, B et touchant deux droites issues d'un point O de AB est une quartique de nœud P.

1028. Inscrites à un triangle et passant par un point est une sextique admettant P pour point quadruple.

1029. Inscrites à un quadrilatère ABCD est une cubique de nœud P passant par A, B, C, D et par les points de rencontre des côtés opposés. ($\mu + \nu = 3$, $\mu = 2.$) (Koehler, p. 321.)

Si le point P est sur la tangente AB, le lieu est la conique tangente en P à AB, passant par les points C, D et par le point de rencontre des côtés opposés AD, BC. Si le point P est sur la diagonale AC, le lieu est la conique passant par P, B, D, par les points de rencontre M, N des côtés opposés et par le conjugué harmonique P′ de P relativement à A et C.

Si le point P est sur la droite EF, qui joint les points de rencontre des côtés opposés, le lieu est la conique circonscrite à ABCD, passant par P et par son conjugué relativement à E et F.

On en conclut, en particulier, que :

Le lieu des points de contact des tangentes parallèles :

1° A une direction donnée A$\delta$ menées aux coniques inscrites à un parallélogramme ABCD est la conique circonscrite à ABCD et ayant pour directions asymptotiques A$\delta$ et sa conjuguée harmonique par rapport à AB, AD.

2° Au côté AB du quadrilatère ABCD menées aux coniques inscrites à ABCD est la conique d'asymptote AB, passant par C, D et par le point de rencontre des côtés opposés AD, BC.

1030. Tangentes à deux droites OA, OB en deux points donnés A, B est une conique passant par P, O, A, B.

Si le point P est sur AB, le lieu est la droite passant par O et par le conjugué P′ de P relativement à A et B. Si le point P est sur la droite OA, le lieu est une droite passant par B.

En particulier :

1. Le lieu du point de contact des tangentes parallèles à une direction donnée O$\delta$ menées aux coniques ayant mêmes asymptotes O$x$, O$y$ est la conjuguée de O$\delta$ par rapport à O$x$, O$y$.

2. Le lieu des points de contact des tangentes menées d'un point P de la directrice D aux coniques ayant pour foyer F et pour directrice D est la perpendiculaire en F à PF.

3. Le lieu du point de contact de la seconde tangente menée d'un point P de l'asymptote O$x$ aux coniques ayant pour asymptotes O$x$ et O$y$ est une parallèle à O$y$.

Toutes ces propriétés sont classiques, mais il n'est pas sans intérêt de les retrouver ainsi.

1031. Passant par un point et tangentes à deux droites dont l'une en un point donné est une quartique de nœud P.

1032. Passant par deux points et tangentes à une droite en un point donné est une cubique passant par P.

1033. Inscrites à un triangle ABC et touchant l'un des côtés BC en un point donné est une cubique de nœud P passant en A.

1034. Passant par deux points et *admettant un point* M *pour pôle* d'une droite D est une cubique passant en P.

1035. Tangentes à deux droites et admettant un point M pour pôle d'une droite D est une cubique de nœud P.

1036. Passant par un point, tangentes à une droite et admettant un point M pour pôle d'une droite D est une quartique de nœud P.

1037. Tangentes à une droite en un point donné et admettant un point M pour pôle d'une droite D est une conique passant en P.

1038. Passant par deux points et ayant une *asymptote donnée* est une cubique passant en P.

1039. Passant par un point, tangentes à une droite et ayant une asymptote donnée est une quartique de nœud P.

1040. Tangentes à deux droites et ayant une asymptote donnée est une cubique de nœud P.

1041. Ayant les deux asymptotes données est une conique passant par P.

1042. Passant par deux points et dont le *centre* est *donné* est une cubique passant par P.

1043. Tangentes à deux droites et dont le centre est donné est une cubique de nœud P.

1044. Passant par un point, tangentes à une droite et dont le centre est donné est une quartique de nœud P.

1045. *De foyer* F, passant par deux points se compose de deux quartiques de nœud P.

1046. De foyer F, passant par un point et tangentes à une droite est une sextique admettant P pour point quadruple.

1047. De foyer F, tangentes à deux droites, est une cubique de nœud P.

1048. De foyer F et dont la directrice correspondante est donnée est une conique passant par P. ($\mu + \nu = 2$.) (Mosnat, t. I, p. 106.)

1049. Homofocales est une cubique de nœud P.

Le lieu des points de contact des tangentes aux coniques homofocales parallèles à une direction donnée est une conique qui passe par le point à l'infini E de cette direction, et par le conjugué harmonique de E relativement aux points cycliques (voir n° 1029), car les coniques sont inscrites dans le quadrilatère IFJF′, qui a pour diagonale la droite de l'infini, droite qui joint les points cycliques I, J. Cette conique est donc une hyperbole équilatère passant par F, F′ et dont les directions asymptotiques sont la direction donnée et la direction perpendiculaire. (Rémond, p. 122.)

Si le point P est sur l'axe FF′, le lieu est, d'après 1029, une conique passant par les points cycliques, par P et son conjugué P′ relativement à F et F′, c'est-à-dire un cercle passant par P et P′. (Papelier, *Coordonnées, tangentielles*, t. I, p. 223.)

1050. Circonscrites à un triangle et *conjuguées par rapport à deux points* est une cubique passant en P.

1051. Passant par deux points, tangentes à une droite et conjuguées par rapport à deux points est une sextique de nœud P.

1052. Passant par un point, tangentes à deux droites et conjuguées par rapport à deux points est du 8e ordre.

1053. Inscrites à un triangle et conjuguées par rapport à deux points est une sextique passant quatre fois par P. ($\mu + \nu = 6, \mu = 4.$) (N. A., 1875, p. 190.)

1054. Passant par un point, tangentes à une droite en un point donné et conjuguées par rapport à deux points est une cubique passant en P.

1055. Inscrites à un triangle et *conjuguées par rapport à deux droites* est une cubique de nœud P.

1056. Passant par un point, tangentes à deux droites et conjuguées par rapport à deux droites est une sextique de point quadruple P.

1057. Circonscrites à un triangle et conjuguées par rapport à deux droites est une sextique de point double P.

1058. Tangentes à une droite en un point donné, passant par un point et conjuguées par rapport à deux droites est une quartique de nœud P.

1059. Tangentes à deux droites dont l'une en un point donné et conjuguées par rapport à deux droites est une cubique de nœud P.

1060. Inscrites à un triangle et dont le *centre décrit une droite* est une cubique de nœud P.

1061. Passant par un point, tangentes à deux droites et dont le centre décrit une droite est une sextique de point quadruple P.

1062. Passant par deux points, tangentes à une droite et dont le centre décrit une droite est du 8e ordre.

1063. Circonscrites à un triangle et dont le centre décrit une droite est une sextique de nœud P.

1064. Passant par un point, tangentes à une droite en un point donné et dont le centre décrit une droite est une quartique de nœud P.

1065. Tangentes à deux droites dont l'une en un point donné et dont le centre décrit une droite est une cubique de nœud P.

1066. Tangentes à une droite et *conjuguées à un triangle* est une cubique de nœud P.

1067. Passant par un point et conjuguées à un triangle est une cubique passant en P.

1068. Circonscrites à un triangle et *normales* à une droite donnée est une courbe du 9e ordre de point triple P.

1069. Inscrites à un triangle et normales à une droite donnée est une courbe du 9e ordre de point sextuple P.

1070. Passant par deux points et normales à deux droites est du 23e ordre.

1071. Tangentes à deux droites et normales à deux autres droites est du 23e ordre.

1072. Passant par un point, tangentes à une droite et normales à deux droites est du 28e ordre.

1073. Circonscrites à un triangle et *tangentes à une conique* est du 18e ordre.

1074. Circonscrites à un triangle ABC et tangentes à une conique passant par A et B est une sextique de nœud P.

1075. Inscrites à un triangle ABC et tangentes à une conique tangente à AB, AC est une sextique de point quadruple P.

1076. De foyer F, tangentes à une droite D et à une conique de foyer F est une sextique de point quadruple P.

1077. Tangentes à une droite et *ayant un contact du* 2e *ordre* en un point donné avec une conique donnée est une cubique de nœud P.

1078. Passant par un point et ayant un contact du 2e ordre en un point donné avec une conique donnée est une cubique passant en P.

1079. Passant par deux points A, B (ou tangentes à deux droites O$a$, O$b$) et *bitangentes* à une conique (S) se compose de deux quartiques de nœud P. Si (S) est tangente à AB (ou si elle passe par l'intersection O des deux tangentes), le lieu est une quartique de nœud P.

1080. Bitangentes à deux coniques données se compose de trois quartiques de nœud P.

1081. Passant par deux points A, B et *touchant deux coniques* passant par A et B se compose de deux sextiques de nœud P.

1082. Passant par deux points B, C et touchant deux coniques tangentes en A et passant par B et C est une sextique de nœud P.

1083. Tangentes à deux droites $a$, $b$ et touchant deux coniques tangentes à $a$ et $b$ se compose de deux sextiques de point quadruple P.

1084. Tangentes à deux droites $a$, $b$ et touchant deux coniques tangentes en un point A et tangentes à $a$ et $b$ est une sextique de point quadruple P.

1085. De foyer F et touchant deux coniques de foyer F se compose de deux sextiques de point quadruple P.

1086. De foyer F et touchant deux coniques de foyer F tangentes en A est une sextique de point quadruple P.

1087. *Semblables* circonscrites à un triangle est une sextique de nœud P.

1088. Inscrites à un triangle et *vues d'un point* M *sous un angle droit* est une cubique de nœud P.

1089. Circonscrites à un triangle et vues d'un point M sous un angle droit est une sextique de nœud P.

1090. Passant par un point, tangentes à deux droites et vues d'un point M sous un angle droit est une sextique de point quadruple P.

1091. Conjuguées à un triangle et vues d'un point M sous un angle droit est une cubique de nœud P.

1092. Inscrites à un triangle et *vues d'un point* M *sous un angle donné* $\theta$ (non droit) est une sextique de point quadruple P.

1093. Conjuguées à un triangle et vues d'un point M sous un angle donné $\theta$ (non droit) est une sextique de point quadruple P.

XLIV. — *Le lieu du point de contact des tangentes menées d'un point* P *aux coniques* ($\mu$, $\nu$) *passant par deux points fixes* A, B, *en ligne droite avec* P, *est une courbe d'ordre* $\nu$.

En appliquant ce théorème aux cas les plus simples, on trouve que :

*Le lieu du point de contact des tangentes menées d'un point* P *aux coniques qui passent par deux points* A, B *en ligne droite avec* P *et* :

1094. Passent par deux points M, N est une conique. ($\nu = 2$.) (Koehler, p. 320.)

1095. Passent par un point et touchent une droite est une quartique. ($\nu = 4$.)

1096. Passant par un point et touchant une droite P$\delta$ issue de P est une conique. ($\nu = 2$ pour une droite passant en P.)

1097. Touchent deux droites, se compose de deux coniques, réduites chacune à deux droites. (Deux séries où $\nu = 2$.)

1098. Touchent une droite en un point donné est une conique.

1099. Admettant un point M pour pôle d'une droite donnée est une conique.

1100. Ayant une asymptote donnée est une conique.

1101. Dont le centre est donné est une conique.

1102. De foyer donné F se compose de quatre droites. (Deux séries de $\nu = 2$.)

1103. Passant par un point M et conjuguées par rapport à deux points est une conique.

1104. Tangentes à une droite et conjuguées par rapport à deux points est une quartique.

1105. Tangentes à une droite et conjuguées par rapport à deux droites est une quartique.

1106. Passant par un point et conjuguées par rapport à deux droites est une quartique.

1107. Bitangentes à une conique donnée S se compose de deux coniques bitangentes à S. (Deux séries avec $\nu = 2$.) (Koehler, p. 213, et Chasles, *Traité des Sections coniques*, p. 356.)

**1108.** Bitangentes à une conique tangente à AB est une conique.

XLV. — *Le lieu du point de contact des tangentes menées d'un point* P *de la droite* D *aux coniques* $(\mu, \nu)$ *tangentes à la droite* D *en un point donné* A *est d'ordre* $\nu$.

Le lieu du point de contact de la tangente menée d'un point P de la droite D aux coniques tangentes à D en un point A et :

**1109.** Passant par deux points est une conique. ($\nu = 2$.)

**1110.** Passant par un point et touchant une seconde droite est une conique ($\nu = 2$.)

**1111.** — Tangentes à deux droites est une droite. ($\nu = 1$.)

**1112.** Admettant un point O pour pôle d'une droite $\Delta$ est une droite.

**1113.** Tangentes à une seconde droite en un point donné est une droite.

**1114.** Tangentes à une droite et conjuguées par rapport à deux points est une conique. ($\nu = 2$.) (A. et P., t. I, p. 207.)

**1115.** Passant par un point et conjuguées par rapport à deux points est une conique. ($\nu = 2$.)

En particulier, le lieu des points de contact des tangentes perpendiculaires à AB aux hyperboles équilatères circonscrites au triangle OAB rectangle en O est une conique. (A. et P., t. I, p. 224.) (Les hyperboles précédentes sont tangentes en O à la perpendiculaire menée de O à AB.)

**1116.** Passant par un point et conjuguées par rapport à deux droites est une conique.

**1117.** Tangentes à une droite et conjuguées par rapport à deux droites est une droite.

## XII. — LIEUX DES POINTS DE RENCONTRE DES TANGENTES COMMUNES A UNE CONIQUE DONNÉE ET AUX CONIQUES $(\mu, \nu)$.

**25.** XLVI. — *Le lieu des points de rencontre des tangentes communes à une conique donnée et à chacune des coniques d'un système* $(\mu, \nu)$ *est une courbe d'ordre* $3\nu$. (*Courbes*. t. I, p. 270.)

Considérons en effet la conique donnée (S) (*fig.* 6) et l'une des coniques du système $(\mu, \nu)$, C. Elles ont quatre tangentes communes. Soit D l'une d'elles; les trois autres la rencontrent en trois points qui appartiennent au lieu; or, il y a $\nu$ coniques $(\mu, \nu)$ tangentes à D donc il y a $3\nu$ points du lieu sur D, et il ne peut y en avoir d'autres.

Le théorème précédent est dû à Chasles; nous le compléterons par les suivants, dont la démonstration est immédiate.

XLVII. — *Si les coniques* ($\mu$, $\nu$) *touchent la conique fixe* (S) *en un point donné, le lieu est d'ordre* $\nu$; *si les coniques* ($\mu$, $\nu$) *sont toutes tangentes à une tangente à la conique* (S), *le lieu est d'ordre* $2\nu$; *si les coniques* ($\mu$, $\nu$) *sont toutes tangentes à deux tangentes fixes de* (S) *ou ont pour foyer commun l'un des foyers de* (S), *le lieu est d'ordre* $\nu$.

Ces théorèmes supposent évidemment que la conique (S) n'appartient pas au système des coniques ($\mu$, $\nu$), sinon il y aura lieu de tenir compte de la réduction correspondante dans l'ordre du lieu.

Le lieu des points d'intersection des tangentes communes à une conique et aux coniques ($\mu$, $\nu$) passe par les couples de points formant les coniques du système réduites à deux points, et admet pour points doubles les points doubles des coniques réduites à deux droites. Ainsi la sextique du théorème 1118 admet pour points doubles le point de rencontre des diagonales et les points de rencontre des côtés opposés du quadrilatère; la cubique du théorème 1123 passe par les quatre sommets et les deux points de rencontre des côtés opposés du quadrilatère (*Courbes*, t. I, p. 139, th. 9); la cubique du théorème 1124 passe par A et B et admet pour point double le point O, etc.

Du théorème 1123 on déduit que les dix-huit ombilics de trois coniques prises deux à deux sont sur une même cubique.

En appliquant les théorèmes précédents aux cas les plus simples, on obtient les résultats suivants :

*Le lieu des points de rencontre des tangentes communes à une conique donnée et aux coniques :*

1118. Circonscrites à un quadrilatère est une sextique admettant pour points doubles le point de rencontre des diagonales et les points de rencontre des côtés opposés du quadrilatère. ($3\nu = 6$.) (G. Darboux, N. A., 1880.)

1119. Circonscrites à un triangle et tangentes à une droite est du 12$^{e}$ ordre. ($3\nu = 12$.)

1120. Passant par deux points et tangentes à deux droites se compose de deux sextiques.

1121. Passant par deux points A, B et tangentes à deux droites issues d'un point O de AB est une sextique.

1122. Passant par un point et inscrites à un triangle est une sextique.

1123. Inscrites à un quadrilatère est une cubique qui passe par les quatre sommets et les points de rencontre des côtés opposés. ($3\nu = 3$.) (*Courbes*, t. I, p. 139, th. 9.)

1124. Tangentes à deux droites OA, OB en deux points donnés A,

B (en particulier admettant OA, OB pour asymptotes, ou encore ayant un foyer O et la directrice correspondante donnés) est une cubique circulaire de nœud O.

**1125.** Passant par un point, tangentes à deux droites et à l'une d'elles en un point donné est une sextique.

**1126.** Passant par deux points et tangentes à une droite en un point donné est une sextique.

**1127.** Inscrites à un triangle et touchant l'un des côtés en un point donné est une cubique.

**1128.** Passant par deux points et *admettant un point* P *pour pôle* d'une droite D est une sextique.

**1129.** Tangentes à deux droites et admettant un point P pour pôle d'une droite D est une cubique.

**1130.** Passant par un point, tangentes à une droite et admettant un point P pour pôle d'une droite D est une sextique.

**1131.** Tangentes à une droite en un point donné et admettant un point P pour pôle d'une droite D est une cubique.

**1132.** Passant par deux points et ayant une asymptote donnée (ou passant par un point, tangentes à une droite et ayant une asymptote donnée) est une sextique.

**1133.** Tangentes à deux droites et ayant une asymptote donnée est une cubique.

**1134.** Passant par deux points et dont le *centre* est *donné* est une sextique.

**1135.** Tangentes à deux droites et dont le centre est donné est une cubique.

**1136.** Passant par un point, tangentes à une droite et dont le centre est donné est une sextique.

**1137.** Ayant un *foyer donné* et passant par deux points donnés se compose de deux sextiques. (Deux séries, avec $3\ \nu = 6$.)

**1138.** Passant par un point, touchant une droite et dont un foyer est donné est une sextique.

**1139.** Ayant un foyer donné et touchant deux droites est une cubique.

**1140.** Ayant les deux foyers donnés est une cubique.

**1141.** Passant par deux points A, B, et tangentes à deux droites issues d'un point O de AB est une sextique.

**1142.** Passant par deux points A, B et admettant un foyer F sur AB est une sextique.

**1143.** Circonscrites à un triangle et *conjuguées par rapport à deux points* est une sextique.

**1144.** Inscrites à un triangle et conjuguées par rapport à deux points est une sextique.

1145. Tangentes à deux droites dont l'une en un point donné et conjuguées par rapport à deux points est une sextique.

1146. Passant par un point, tangentes à une droite en un point donné et conjuguées par rapport à deux points est une sextique.

1147. Passant par un point, tangentes à deux droites OX, OY, et dont la polaire de O passe par un point fixe P est une sextique.

1148. Tangentes à deux droites OX, OY, à une droite *d*, et dont la polaire de O passe par un point fixe P est une cubique.

1149. Inscrites à un triangle et *conjuguées par rapport à deux droites* est une cubique.

1150. Passant par un point, tangentes à deux droites et conjuguées par rapport à deux droites est une sextique.

1151. Passant par un point, tangentes à une droite en un point donné et conjuguées par rapport à deux droites est une sextique.

1152. Tangentes à deux droites dont l'une en un point donné et conjuguées par rapport à deux droites est une cubique.

1153. Passant par deux points A, B, tangentes à une droite et telles que le pôle de AB décrit une droite D est une sextique.

1154. Circonscrites à un triangle ABC et telles que le pôle d'un côté AB décrive une droite D est une sextique.

1155. Inscrites à un triangle et dont le *centre décrit une droite* est une cubique.

1156. Passant par un point, tangentes à deux droites et dont le centre décrit une droite est une sextique.

1157. Circonscrites à un triangle et dont le centre décrit une droite est une courbe du 12<sup>e</sup> ordre.

1158. Passant par un point, tangentes à une droite en un point donné et dont le centre décrit une droite est une sextique.

1159. Tangentes à deux droites dont l'une en un point donné et dont le centre décrit une droite est une cubique.

1160. Tangentes à une droite, de directions asymptotiques données et dont le centre décrit une droite est une sextique.

1161. Passant par un point, de directions asymptotiques données et dont le centre décrit une droite est une sextique.

1162. Tangentes à une droite et conjuguées à un triangle est une cubique.

1163. Passant par un point et conjuguées à un triangle est une sextique.

1164. Inscrites à un triangle et *vues d'un point* P *sous un angle droit* est une cubique.

1165. Circonscrites à un triangle et vues d'un point P sous un angle droit est du 12e ordre.

**1166.** Passant par un point, tangentes à deux droites et vues d'un point P sous un angle droit est une sextique.

**1167.** Conjuguées à un triangle et vues d'un point P sous un angle droit est une cubique.

**1168.** Inscrites à un triangle et *vues d'un point* P *sous un angle donné* est une sextique.

**1169.** Conjuguées à un triangle et vues d'un point P sous un angle donné est une sextique.

**1170.** Tangentes à une droite, de foyer F et dont la directrice correspondante à F passe par un point fixe est une cubique.

**1171.** Passant par un point, de foyer F et dont la directrice correspondante à F passe par un point fixe est une sextique.

*Le lieu des points de rencontre des tangentes communes aux coniques* Σ *et à une conique fixe* S *tangente en un point donné* O *aux coniques* Σ *:*

**1172.** Tangentes à une droite D en un point donné est une droite. ($\nu = 1$.)

**1173.** Passant par deux points donnés est une conique. ($\nu = 2$.) (Koehler, p. 119; Papelier, *Coordonnées tangentielles*, t. I, p. 246.)

**1174.** Passant par deux points donnés de S est une droite.

**1175.** Tangentes à deux droites données est une droite.

**1176.** Ayant un foyer donné est une droite.

**1177.** Passant par un point, tangentes à une droite est une conique.

**1178.** Admettant un point P pour pôle d'une droite donnée est une droite.

**1179.** Tangentes à une droite et conjuguées par rapport à deux points est une conique.

**1180.** Passant par un point et conjuguées par rapport à deux points est une conique.

**1181.** Passant par un point et conjuguées par rapport à deux droites est une conique.

**1182.** Tangentes à une droite et conjuguées par rapport à deux droites est une droite.

**1183.** Passant par un point et dont le centre décrit une droite est une conique.

**1184.** Tangentes à une droite et dont le centre décrit une droite est une droite.

## XIII. — LIEUX DES POINTS DE CONTACT DES CONIQUES $(\mu, \nu)$ ET DES TANGENTES COMMUNES A UNE CONIQUE DONNÉE ET AUX CONIQUES $(\mu, \nu)$.

**26.** XLVIII. — *Le lieu des points où les tangentes à une conique fixe* (S) *touchent un système de coniques* $(\mu, \nu)$ *qui ne touchent pas* (S) *en un point donné est d'ordre* $2(\mu + \nu)$. (*Courbes géométriques remarquables*, t. I, p. 277.)

Les points du lieu situés sur une droite $(\delta)$ (*fig.* 6) sont en effet les intersections de $(\delta)$ et des tangentes communes à (S) et à la courbe enveloppe des tangentes aux coniques $(\mu, \nu)$ aux points où elles rencontrent $(\delta)$, courbe qui est de classe $\mu + \nu$, donc le nombre des tangentes communes est $2(\mu + \nu)$.

D'après ce que nous avons vu antérieurement p. 60, ce théorème suppose essentiellement que la conique (S) n'est tangente ni à aucune des droites qui forment les coniques dégénérées en deux droites du système $(\mu, \nu)$, ni aux droites qui joignent les couples de points formant les coniques $(\mu, \nu)$ réduites à deux points, ni aux tangentes communes aux coniques $(\mu, \nu)$. On conclurait des observations précédentes les modifications qu'il convient de donner à l'énoncé dans ces divers cas particuliers.

En appliquant le théorème précédent aux cas les plus simples, on voit que :

*Le lieu des points où les tangentes à une conique fixe* (S) *touchent les coniques :*

1185. Circonscrites à un quadrilatère est une sextique. $[2(\mu + \nu) = 6.]$

1186. Circonscrites à un triangle et touchant une droite est du 12ᵉ ordre.

1187. Passant par deux points et tangentes à deux droites se compose de deux courbes du 8ᵉ ordre.

1188. Passant par un point et inscrites à un triangle est du 12ᵉ ordre.

1189. Inscrites à un quadrilatère est une sextique.

1190. Tangentes à deux droites en deux points donnés est une quartique.

1191. Ayant un foyer et la directrice correspondante donnés est une quartique.

1192. Homofocales est une sextique.

1193. Ayant leurs asymptotes données est une quartique.

Nous nous bornerons aux exemples précédents, il serait facile d'en ajouter un grand nombre d'autres; nous laisserons ce soin au lecteur.

## XIV. — ENVELOPPES DES CORDES INTERCEPTÉES PAR DEUX DROITES FIXES SUR LES CONIQUES ($\mu$, $\nu$).

27. XLIX. — *Les cordes interceptées par deux droites fixes* OD, OD′ *sur les coniques* ($\mu$, $\nu$) *enveloppent une courbe de classe* 3 $\mu$ *admettant les droites* OD, OD′ *pour tangentes multiples d'ordre* $\mu$.

L. — *Si les coniques du système* ($\mu$, $\nu$) *passent toutes par le point d'intersection* O *des droites* OD, OD′, *l'enveloppe est de classe* $\frac{\nu}{2} + \mu$ *et admet* OD, OD′ *pour tangentes multiples d'ordre* $\nu$ : 2. (*Courbes*, t. I, p. 277, th. 58.)

Ces théorèmes sont les corrélatifs des théorèmes XXV et XXVI. On les démontre par suite par des raisonnements corrélatifs de ceux qui nous ont conduit à ces théorèmes.

Ces résultats supposent, comme le montre le raisonnement servant à les établir, qu'il y a $\mu$ coniques ($\mu$, $\nu$) passant par le point O et $\mu$ coniques passant par un point quelconque P de OD. Par conséquent il y a lieu d'examiner les cas où les coniques touchent une droite passant par O ou coupent les droites OD, OD′ en deux points donnés. Nous compléterons, en conséquence, les théorèmes XLIX et L de Chasles par les suivants, qui sont les corrélatifs des théorèmes XXVII, XXVIII, XXIX, XXX, XXXI, par lesquels j'ai complété les deux théorèmes ci-dessus énoncés de Chasles :

LI. — *Les cordes interceptées par deux droites fixes* OD, OD′ *sur les coniques* ($\mu$, $\nu$) *assujetties à être tangentes à une droite fixe* O$\delta$ *passant par* O *enveloppent une courbe de classe* 5 $\mu$ : 2 *qui admet les droites* OD *et* OD′ *pour tangentes multiples de classe* $\mu$ : 2.

LII. — *Les cordes interceptées par deux droites fixes* OD, OD′ *sur les coniques* ($\mu$, $\nu$) *assujetties à être tangentes à deux droites données* O$\delta$, O$\delta'$ *issues de* O, *enveloppent une courbe de classe* 2 $\mu$.

*En particulier, les cordes interceptées sur les coniques* ($\mu$, $\nu$) *de foyer donné* F *par deux droites issues de* F *enveloppent une courbe de classe* 2 $\mu$.

LIII. — *Les cordes interceptées par deux droites fixes* OD, OD′ *sur les coniques* ($\mu$, $\nu$) *assujetties à passer en* O *et à toucher en ce point une droite donnée* O$\delta$ *enveloppent une courbe de classe* $\mu$.

LIV. — *Les cordes interceptées par deux droites fixes* OD, OD′ *sur les coniques* ($\mu$, $\nu$) *telles que la polaire de* O *par rapport à ces coniques soit une droite donnée enveloppent une courbe de classe* 2 $\mu$.

LV. — *Quand un système de coniques* ($\mu$, $\nu$) *passent par deux points fixes* A, B, *l'enveloppe de la seconde corde interceptée par deux droites fixes* AD, BD′ *sur ces coniques est une courbe de classe* $\mu$.

L'enveloppe est évidemment tangente aux couples de droites qui forment l'une des sortes de coniques dégénérées du système ($\mu$, $\nu$) et admet pour tangentes doubles les droites qui joignent les deux points de chacune des coniques du système réduites à deux points.

En appliquant ces théorèmes dans les cas les plus simples, on trouve que :

*L'enveloppe des cordes interceptées par deux droites* D, D′ *sur les coniques :*

1194. Circonscrites à un quadrilatère est une courbe de troisième classe tangente aux quatre côtés et aux deux diagonales ainsi qu'aux droites D, D′. ($3\ \mu = 3$.)

1195. Tangentes à deux droites données OA, OB, en deux points donnés A, B, est une courbe de troisième classe tangente à OA, OB, D, D′ et admettant AB pour bitangente. ($3\ \mu = 3$.)

1196. Ayant un foyer et la directrice correspondante $\Delta$ donnés est une courbe de troisième classe, de bitangente $\Delta$.

1197. Ayant les deux asymptotes données est de troisième classe et bitangente à la droite de l'infini.

1198. Inscrites à un quadrilatère est de 6e classe et bitangente à D, D′, aux diagonales et à la droite qui joint les points de rencontre des côtés opposés.

1199. Circonscrites à un triangle et tangentes à une droite est de 6e classe.

1200. Inscrites à un triangle et passant par un point est de 12e classe.

Nous laisserons au lecteur le soin d'appliquer les théorèmes L à LIV aux systèmes de coniques dont nous avons déterminé les caractéristiques et nous nous bornerons à donner quelques conséquences du théorème LV.

*L'enveloppe de la seconde corde commune interceptée par les droites* OA, OB *sur les coniques passant par* A, B *et :*

1201. Deux autres points C, D est un point (autrement dit, cette corde passe par un point fixe). ($\mu = 1$.)

1202. Passant par un point, tangentes à une droite est une conique. ($\mu = 2$.)

1203. Tangentes à deux droites se compose de deux coniques. (2 séries de $\mu = 2$.)

1204. Tangentes à deux droites issues d'un point O de AB est une conique.

1205. Tangentes à une droite en un point donné est un point.

1206. Admettant un point P pour pôle d'une droite donnée est un point.

1207. Passant par un point et conjuguées par rapport à deux points est un point.

1208. Tangentes à une droite et conjuguées par rapport à deux points est une conique.

1209. Tangentes à une droite et conjuguées par rapport à deux droites est de 4e classe.

1210. Ayant un centre donné est un point.

1211. Ayant un foyer donné se compose de deux coniques. (2 séries de $\mu = 2$.)

## XV. — ENVELOPPES DES SÉCANTES COMMUNES A UNE CONIQUE FIXE ET AUX CONIQUES $(\mu, \nu)$.

28. LVI. — *L'enveloppe des sécantes communes à une conique donnée et à chacune des coniques d'un système* $(\mu, \nu)$ *est une courbe de classe* $3\mu$. (*Courbes*, t. I, p. 277, th. 59.)

En effet, soit (S) la conique donnée (*fig.* 7) et (C) une conique $(\mu, \nu)$ qui la rencontre en O, M, N, P. Les droites MO, MN, MP sont sécantes communes à (S) et à (C). D'autre part, par le point M, quelconque sur (S), passent $\mu$ coniques $(\mu, \nu)$, donc par M passent $3\mu$ sécantes communes à (S) et aux coniques $(\mu, \nu)$, et il n'en passe pas d'autres. L'enveloppe est donc de classe $3\mu$.

*L'enveloppe des sécantes communes est tangente aux* $2(2\nu - \mu)$ *droites qui forment les coniques du système* $(\mu, \nu)$ *réduites à deux droites; elle est bitangente aux* $(2\mu - \nu)$ *droites constituant les coniques infiniment aplaties du système, et touche la conique* (S) *aux points* R, R′ *où elle est rencontrée par chacune de ces coniques infiniment aplaties.*

Ainsi l'enveloppe est tangente aux $2(2\mu - \nu)$ tangentes à (S) aux points où (S) rencontre les $(2\mu - \nu)$ coniques infiniment aplaties. Elle a d'ailleurs $2 \times 3\mu = 6\mu$ tangentes communes avec la conique (S), et les points de contact de (S) et de ces tangentes communes autres que les $2(2\mu - \nu)$ précédentes correspondent aux coniques $(\mu, \nu)$ tangentes à (S). Il y a donc $6\mu - 2(2\mu - \nu) = 2(\mu + \nu)$ coniques $(\mu, \nu)$ tangentes à (S).

*Dans un système de coniques* $(\mu, \nu)$ *il y a en général* $2(\mu + \nu)$ *coniques tangentes à une conique donnée* (S). (Chasles.)

Le théorème LVI est dû à Chasles; nous le compléterons par les suivants :

LVII. — *L'enveloppe des sécantes communes à une conique donnée* (S) *et aux coniques* $(\mu, \nu)$ *qui passent par un point fixe* O *de* (S) *est une courbe de classe* $2\mu$.

LVIII. — *L'enveloppe de la seconde sécante commune à une conique donnée* (S) *et aux coniques* ($\mu$, $\nu$) *qui passent par deux points fixes* O, P *de* (S) *est une courbe de classe* $\mu$.

Si, en particulier, O et P sont les points cycliques, on peut dire que :

*L'enveloppe de l'axe radical d'un cercle fixe* S *et d'un système de cercles* ($\mu$, $\nu$) *est une courbe de classe* $\mu$.

LIX. — *L'enveloppe des sécantes communes à une conique donnée* (S) *et aux coniques* ($\mu$, $\nu$) *qui touchent* (S) *en un point donné* O *est une courbe de classe* $\mu$.

Tous ces théorèmes supposent bien entendu que la conique donnée n'appartient pas au système ($\mu$, $\nu$).

Soient M, N, P les points où une conique (C) du système ($\mu$, $\nu$) coupe, en dehors du point fixe O, la conique (S) du théorème LVI. Par M passent les deux sécantes communes MN, MP, autres que MO. Or, par M passent $\mu$ coniques ($\mu$, $\nu$), donc il y a 2 $\mu$ sécantes communes passant en M; il ne peut d'ailleurs y en avoir d'autre; par suite l'enveloppe des sécantes communes est de classe 2 $\mu$, ce qui établit le théorème LVII.

Les théorèmes LVIII et LIX s'établissent de même. Par un point M de (S) passent $\mu$ coniques ($\mu$, $\nu$), qui donnent $\mu$ sécantes communes issues de M, et il n'y en a pas d'autres, car il faut en excepter celles qui passent par O et P (ou, th. LIX, par O) et correspondent à ces points. L'enveloppe est donc de classe $\mu$.

Des théorèmes précédents, on peut déduire le nombre des coniques ($\mu$, $\nu$) tangentes à une conique (S) et passant par un ou par deux points donnés de (S).

Supposons en effet que les coniques ($\mu$, $\nu$) passent par un point O de (S). Les deux points qui composent une conique infiniment aplatie du système sont sur une droite passant par O. D'autre part, l'enveloppe des sécantes communes à (S) et aux coniques ($\mu$, $\nu$) est de classe 2 $\mu$; elle a par suite avec (S) 4 $\mu$ tangentes communes, dont il faut déduire ($2\mu - \nu$) tangentes communes dues aux coniques ($\mu$, $\nu$) infiniment aplaties, pour avoir le nombre $4\mu - (2\mu - \nu) = 2\mu + \nu$ des coniques ($\mu$, $\nu$) tangentes à (S). Donc :

LX. — *Quand les coniques d'un système* ($\mu$, $\nu$) *passent par un point* O *d'une conique* S, *il y a en général* $2\mu + \nu$ *coniques* ($\mu$, $\nu$) *tangentes à* (S) *en un point autre que* O.

Lorsque les coniques ($\mu$, $\nu$) passent par deux points fixes O, P de (S), toutes les coniques infiniment aplaties du système ont chacune leurs deux points de base situés sur OP. L'enveloppe ($\Sigma$) de la seconde sécante commune à (S) et aux coniques ($\mu$, $\nu$) est une courbe de classe $\mu$, et le nombre des tangentes communes à ($\Sigma$) et à (S) est 2 $\mu$. On en conclut que :

LXI. — *Quand les coniques d'un système* ($\mu$, $\nu$) *passent par deux points* O, P *d'une conique* (S), *il y a en général* 2 $\mu$ *coniques* ($\mu$, $\nu$) *tangentes à* (S) *en des points autres que* O *et* P.

*En particulier, il y a* 2 $\mu$ *cercles* ($\mu$, $\nu$) *tangents à un cercle fixe.*

On peut dire, corrélativement, que :

LXII. — *Quand les coniques d'un système* ($\mu$, $\nu$) *touchent toutes une tangente fixe* $\delta$ *d'une conique* (S), *il y a en général* $2\nu + \mu$ *coniques* ($\mu$, $\nu$) *tangentes à* (S) *en un point autre que le point de contact de* $\delta$.

LXIII. — *Quand les coniques d'un système* ($\mu$, $\nu$) *touchent deux tangentes fixes d'une conique* (S), *il y a en général* 2 $\nu$ *coniques* ($\mu$, $\nu$) *tangentes à* (S).

En particulier :

LXIV. — *Dans un système de coniques* ($\mu$, $\nu$) *ayant pour foyer commun un foyer* F *d'une conique* (S), *il y a* 2 $\nu$ *coniques tangentes à* (S).

Les quatre théorèmes précédents complètent le théorème de Chasles et permettent de déterminer les caractéristiques des coniques tangentes à une conique donnée.

L'enveloppe du théorème LVIII est évidemment tangente à chacune des droites qui, avec OP, forment une conique du système réduite à deux droites.

D'après ce qui précède, l'enveloppe des cordes communes à une conique et aux coniques circonscrites à un quadrilatère ABCD est une courbe de 3e classe tangente aux quatre côtés et aux deux diagonales du quadrilatère; l'enveloppe du théorème 1216 admet pour bitangentes les deux diagonales et la droite qui joint les points d'intersection des côtés opposés du quadrilatère; l'enveloppe des cordes communes à une conique et aux coniques tangentes à deux droites données OA, OB en deux points donnés est une courbe de 3e classe tangente à OA, OB et qui admet AB pour bitangente, etc.

En appliquant les théorèmes LVI et LVIII aux cas les plus simples, (nous laisserons au lecteur le soin d'appliquer le théorème LVII), on trouve que :

*L'enveloppe des cordes communes à une conique fixe et aux coniques :*

1212. Circonscrites à un quadrilatère est de 3e classe. ($3\mu = 3$.) (*Courbes*, t. I, p. 138, th. 3.)

1213. Circonscrites à un triangle et tangentes à une droite est de 6e classe. ($3\mu = 6$.)

1214. Passant par deux points et tangentes à deux droites se compose de deux courbes de 6e classe. (2 séries avec $3\mu = 6$.)

1215. Inscrites à un triangle et passant par un point est de 12e classe. ($3\mu = 12$.)

1216. Inscrites à un quadrilatère est de 6e classe. ($3\mu = 6$.)

**1217.** Tangentes à deux droites en deux points donnés est de 3e classe. ($3\,\mu = 3$.) (*Courbes*, t. I, p. 139, th. 7.)

**1218.** Passant par un point et touchant deux droites dont l'une en un point donné est de 6e classe.

**1219.** Passant par deux points et touchant une droite en un point donné est de 3e classe.

**1220.** Inscrites à un triangle et touchant l'un des côtés en un point donné est de 6e classe.

**1221.** Passant par deux points et admettant un point P pour pôle d'une droite D est de 3e classe.

**1222.** Tangentes à une droite en un point donné et admettant un point P pour pôle d'une droite D est de 3e classe.

**1223.** Passant par deux points et ayant une asymptote donnée est de 3e classe.

**1224.** Ayant les deux asymptotes données est de 3e classe.

**1225.** Passant par deux points à distance finie et dont le centre est donné est de 3e classe.

**1226.** Dont le foyer et la directrice correspondante sont donnés est de 3e classe.

**1227.** Circonscrites à un triangle et conjuguées par rapport à deux points est de 3e classe.

**1228.** Passant par un point, tangentes à une droite en un point donné et conjuguées par rapport à deux points est de 3e classe.

**1229.** Circonscrites à un triangle ABC et dont le pôle de AB décrit une droite D est de 3e classe.

**1230.** Passant par un point, dont les directions asymptotiques sont données, et dont le centre décrit une droite est de 3e classe.

**1231.** Passant par un point et conjuguées à un triangle est de 3e classe.

*L'enveloppe de la seconde corde commune à une conique fixe* S *et aux coniques* Σ *coupant* S *en deux points fixes* A *et* B *et :*

**1232.** Passant par deux points fixes M, N est un point de la droite MN. ($\mu = 1$.)

**1233.** Ayant leurs directions asymptotiques données est un point à l'infini, autrement dit la seconde corde commune reste parallèle à une direction fixe. Ce théorème est vrai en particulier quand les coniques Σ sont des cercles passant par A et B; les points M et N sont alors les points cycliques. On retrouve ainsi un théorème classique de la théorie des coniques.

**1234.** Passant par un point et tangentes à une droite est une conique.

**1235.** Tangentes à deux droites se compose de deux coniques.

**1236.** Tangentes à deux droites issues d'un point O de AB est une conique.

**1237.** Tangentes à une droite en un point donné est un point de cette droite. ($\mu = 1.$)

En particulier : Toutes les paraboles qui passent par deux points fixes d'une conique et ont une direction d'axe fixe coupent cette conique en deux points tels que la droite qui les joint a une direction fixe. (Cuny, *Un théorème de géométrie*, p. 47.)

**1238.** Admettant un point donné pour pôle d'une droite donnée est un point.

*L'enveloppe des cordes communes à une conique fixe* S *et aux coniques* Σ *tangentes à* S *en un point donné* O *et :*

**1239.** Tangentes à une droite D en un point donné est un point. ($\mu = 1.$)

**1240.** Passant par un point et touchant une droite est une conique. ($\mu = 2.$)

**1241.** Passant par deux points est un point. ($\mu = 1.$)

**1242.** Tangentes à deux droites est une conique. ($\mu = 2.$)

**1243.** Admettant un point P pour pôle d'une droite donnée est un point.

**1244.** Ayant un foyer donné est une conique.

**1245.** Tangentes à une droite et conjuguées par rapport à deux points est une conique.

**1246.** Passant par un point et conjuguées par rapport à deux points est un point.

**1247.** Passant par un point et conjuguées par rapport à deux droites est une conique.

**1248.** Tangentes à une droite et conjuguées par rapport à deux droites est une conique.

**1249.** Passant par un point et dont le centre décrit une droite est une conique.

**1250.** Tangentes à une droite et dont le centre décrit une droite est une conique.

## XVI. — LIEUX DES POINTS AYANT LA MÊME POLAIRE PAR RAPPORT A UNE CONIQUE DONNÉE ET A UNE CONIQUE ($\mu$, $\nu$).

**29.** LXV. — *Le lieu des points dont chacun a la même polaire dans une conique donnée et dans une conique du système* ($\mu$, $\nu$) *est une courbe de l'ordre* ($\mu + \nu$). (*Courbes*, t. I, p. 277.)

Le principe de correspondance montre facilement qu'il y a

$\mu + \nu$ points du lieu sur une droite arbitraire D. Soit P un point quelconque de cette droite (*fig.* 8), $\delta$ sa polaire par rapport à la conique donnée (S); le lieu des pôles de $\delta$ est une courbe d'ordre $\nu$, qui coupe D en $\nu$ points, donc au point P, pôle de $\delta$ dans (S), correspondent $\nu$ points P′, pôles de $\delta$ dans les coniques $(\mu, \nu)$ et situés sur D. Inversement, soit un point P′ de D, $\mu$ polaires de P′ relativement aux coniques $(\mu, \nu)$ passent par le pôle O de D dans (S), car l'enveloppe des polaires de P′ est d'ordre $\mu$; ces $\mu$ polaires de P′ ont leurs pôles par rapport à (S) sur la droite D, polaire de O dans (S), de sorte qu'à un point P′ correspondent $\mu$ points P. La correspondance entre les points P et P′ est donc $(\nu, \mu)$ et, par suite, le nombre des coïncidences de points P et P′ sur D, c'est-à-dire le nombre de points du lieu sur D, est $\mu + \nu$, le lieu est par conséquent d'ordre $\mu + \nu$. Il passe par les points doubles des coniques dégénérées en deux droites et par les pôles relativement à (S) des droites doubles formant les coniques infiniment aplaties du système.

Les points où la conique donnée (S) touche les coniques $(\mu, \nu)$ qui lui sont tangentes ont même polaire par rapport à cette conique et à la conique $(\mu, \nu)$ correspondante; inversement si les coniques $(\mu, \nu)$ n'ont aucun point commun sur la conique (S), tout point de (S) qui a même polaire par rapport à (S) et à l'une des coniques $(\mu, \nu)$ est point de contact de (S) et de la conique correspondante. On en conclut qu'il y a $2(\mu + \nu)$ coniques d'un système $(\mu, \nu)$ tangentes à une conique donnée et par suite 6 coniques passant par quatre points et tangentes à une conique. On voit ainsi que les caractéristiques des coniques tangentes à une conique et : 1° passant par 3 points; 2° passant par 2 points, touchant 1 droite; 3° passant par 1 point, touchant 2 droites; 4° touchant 3 droites sont respectivement : 1° 6 et 12; 2° 12 et 16; 3° 16 et 12; 4° 12 et 6. En appliquant aux systèmes précédents le même théorème, on voit que les coniques tangentes à deux coniques données et : 1° passant par 2 points; 2° passant par 1 point et touchant 1 droite; 3° touchant 2 droites sont respectivement (36, 56), (56, 56), (56, 36). On trouve de même que les coniques qui touchent trois coniques n'ayant aucun point commun ou aucune tangente commune, et qui passent par un point donné ou touchent une droite donnée ont pour caractéristiques (184, 224) et (224, 184).

Les caractéristiques des coniques tangentes à deux droites données en deux points donnés étant $\mu = 1$, $\nu = 1$, on en conclut qu'il y a $2(\mu + \nu) = 4$ coniques tangentes à une conique fixe (S) et touchant deux droites données OA, OB en deux points donnés, A, B; si la conique (S) est tangente à AB, l'une des coniques se réduit aux deux points A, B, et il n'y en a plus que trois autres tangentes à (S) et touchant OA, OB en A et B. Or, les cercles de centre donné O sont tangents aux droites isotropes OI, OJ aux points cycliques I, J; il y a donc quatre cercles de centre O tangents à une conique (S); les tangentes en leurs points de contact A, B, C, D sont perpendiculaires à OA, OB, OC, OD. On en conclut que :

*D'un point* O *du plan d'une conique* (S) *on peut mener quatre normales* OA, OB, OC, OD (*réelles ou imaginaires*) *à cette courbe.*

Il n'y a que trois cercles de centre O tangents à une parabole; donc d'un point O on peut mener trois normales, dont deux peuvent être imaginaires, à une parabole.

Voici quelques cas particuliers simples du théorème LXV, qui est dû à Chasles :

*Le lieu des points ayant même polaire par rapport à une conique donnée et aux coniques :*

1251. Circonscrites à un quadrilatère est une cubique. ($\mu + \nu = 3$.)

1252. Inscrites à un quadrilatère est une cubique. ($\mu + \nu = 3$.)

1253. Circonscrites à un triangle et tangentes à une droite est une sextique. ($\mu + \nu = 6$.)

1254. Inscrites à un triangle et passant par un point donné est une sextique. ($\mu + \nu = 6$.)

1255. Passant par deux points et tangentes à deux droites se compose de deux quartiques. (2 séries avec $\mu + \nu = 4$.)

1256. Passant par deux points A, B et tangentes à deux droites issues d'un point O de AB est une quartique.

1257. Tangentes à deux droites en deux points donnés est une conique.

1258. Passant par deux points et tangentes à une droite en un point donné est une cubique.

1259. Inscrites à un triangle et touchant l'un des côtés en un point donné est une cubique.

1260. Ayant les deux asymptotes données est une conique.

1261. Dont le foyer et la directrice correspondante sont donnés est une conique.

## XVII. — LIEUX DES PIEDS DES NORMALES MENÉES D'UN POINT AUX CONIQUES

**30.** LXVI. — *Le lieu des pieds des normales menées d'un point* P *aux coniques* ($\mu$, $\nu$) *est une courbe d'ordre* $2\mu + \nu$ *admettant* P *et les points cycliques pour points multiples d'ordre* $\mu$. (*Courbes*, t. I, p. 278.)

Ce théorème est dû à Chasles. Dans une communication au congrès de l'*Association française pour l'avancement des sciences* en 1922 sur les normales aux courbes algébriques planes, j'ai montré également que :

*Le lieu des pieds des normales menées d'un point* P *aux courbes d'ordre quelconque appartenant à un système de caractéristiques* $(\mu, \nu)$ *est encore une courbe d'ordre* $2\mu + \nu$ *admettant* P *et les points cycliques pour points multiples d'ordre* $\mu$.

L'énoncé du théorème **LXVI** suppose essentiellement que les coniques $(\mu, \nu)$ ne sont pas tangentes à la droite de l'infini et n'ont pas leurs directions asymptotiques données. On l'établit en remarquant que le lieu des points de contact des tangentes parallèles à une droite D aux coniques $(\mu, \nu)$ (th. XLII) est d'ordre $\mu + \nu$; en coupant ce lieu par une perpendiculaire $\Delta$ à D, on peut dire que :

**LXVII.** — *En général, dans un système* $(\mu, \nu)$, *il y a* $\mu + \nu$ *coniques normales à une droite* $\Delta$.

Ce théorème est également dû à Chasles; nous allons le compléter par les suivants :

Si les coniques $(\mu, \nu)$ ont leurs directions asymptotiques données, le lieu des points de contact des tangentes parallèles à une droite D est seulement d'ordre $\nu$ (th. XLIV) et il y a seulement $\nu$ coniques normales à une droite $\Delta$.

**LXVIII.** — *Dans un système de coniques* $(\mu, \nu)$ *de directions asymptotiques données, il y a* $\nu$ *coniques normales à une droite* $\Delta$.

Les théorèmes **XLIII** et **XLV** montrent de même que :

**LXIX.** — *Dans un système de paraboles* $(\mu, \nu)$, *il y a en général* $\frac{\mu}{2} + \nu$ *paraboles normales à une droite* $\Delta$. *Si les paraboles ont même direction d'axe, il n'y a plus que* $\nu$ *paraboles normales à une droite* $\Delta$.

Ces théorèmes permettent de trouver les caractéristiques des coniques normales à une droite.

La démonstration du théorème énoncé au début est alors immédiate.

Par le point P passent $\mu$ coniques $(\mu, \nu)$, donc P est point multiple d'ordre $\mu$; enfin sur une droite passant par P, P$\delta$, il y a $\mu + \nu$ points du lieu en dehors de P, car il y a $\mu + \nu$ coniques normales à P$\delta$; donc le lieu est d'ordre $2\mu + \nu$; sur une droite isotrope PI, qui est perpendiculaire à elle-même, il n'y a que $\nu$ points du lieu, autres que P et I, ce sont les $\nu$ points de contact de PI et des coniques qui lui sont tangentes, de plus il y a $\mu$ coniques passant au point cyclique I et pour lesquelles PI peut être considérée comme normale.

En remarquant que si A est un point commun à toutes les coniques du système $(\mu, \nu)$, il y a en général $\nu : 2$ coniques tangentes en A à la perpendiculaire en A à PA , on voit que A est point multiple d'ordre

$\nu$ : 2. Enfin si l'on considère en outre les coniques ($\mu$, $\nu$) réduites à deux droites ou à deux points, on peut compléter comme suit le théorème LXVI de Chasles :

*Le lieu des pieds des normales menées d'un point* P *aux coniques* ($\mu$, $\nu$) *admet pour points multiples d'ordre* $\nu$ : 2 *les points communs aux coniques, passe par les couples de points formant les coniques du système réduites à deux points, passe également par les projections de* P *sur les droites doubles qui joignent ces couples de points, enfin passe par les projections de* P *sur les couples de droites formant coniques réduites du système et par les points doubles du système* (*points d'intersection de ces couples de droites*).

Si les coniques ($\mu$, $\nu$) ont leurs directions asymptotiques données, il n'y a plus que $\nu$ coniques normales à une droite $\Delta$ et par conséquent le lieu est d'ordre $\mu + \nu$. Donc :

LXX. — *Le lieu des pieds des normales menées d'un point* P *aux coniques* ($\mu$, $\nu$) *de directions asymptotiques données est une courbe d'ordre* $\mu + \nu$ *admettant* P *pour point multiple d'ordre* $\mu$, *les points communs aux coniques pour points multiples d'ordre* $\nu$ : 2, *passant par les couples de points formant coniques du système réduites à deux points, passant également par les projections de* P *sur les droites doubles qui joignent ces couples de points, enfin passant par les projections de* P *sur les couples de droites formant coniques du système réduites à deux droites et par les points doubles du système* (*points d'intersection de ces couples de droites*).

En choisissant convenablement le point P dans les théorèmes LXVI et LXX de façon à avoir respectivement plus de $2\mu + \nu$ ou de $\mu + \nu$ points en ligne droite, on obtiendra évidemment des cas de réduction du lieu.

Quand on applique le théorème LXVI aux cas les plus simples, on voit que :

*Le lieu des pieds des normales menées d'un point* P *aux coniques :*

**1262.** Circonscrites à un quadrilatère ABCD est une quartique circulaire passant par P, par les quatre points A, B, C, D, par les projections de P sur les quatre côtés de ABCD et sur les diagonales, par le point de rencontre des diagonales et par les points de rencontre des côtés opposés. (Voir G. Darboux, N. A., 1891, p. 24, où il est indiqué que la quartique passe par les quatre sommets du quadrilatère.)

**1263.** Tangentes à deux droites données OA, OB en deux points donnés A, B est une cubique circulaire passant en P, en O, A, B, par les projections de P sur OA, OB, et tangente en Q à la perpendiculaire PQ menée de P sur AB. ($2\mu + \nu = 3$.)

**1264.** Inscrites à un quadrilatère est une quintique bicirculaire de nœud P passant par les sommets, par les points de rencontre des côtés opposés et par les projections de P sur les trois diagonales du quadrilatère. ($2\mu + \nu = 5$.)

**1265.** Circonscrites à un triangle et tangentes à une droite est du 8e ordre. ($2\mu + \nu = 8$.)

**1266.** Passant par deux points et tangentes à deux droites se compose de deux sextiques. (Deux séries de $2\mu + \nu = 6$.)

**1267.** Passant par un point et inscrites à un triangle est du 10e ordre. ($2\mu + \nu = 10$.)

**1268.** Passant par un point, tangentes à une droite et tangentes à une droite en un point donné est une sextique bicirculaire de nœud P.

**1269.** Passant par deux points et tangentes à une droite en un point donné est une quartique circulaire.

**1270.** Tangentes à trois droites et touchant l'une d'elles en un point donné est une quintique bicirculaire de nœud P.

Nous laisserons au lecteur le soin d'appliquer le théorème aux multiples systèmes de coniques dont nous avons donné les caractéristiques et dont nous n'avons envisagé ici que les premiers, et nous passerons au cas particulier du théorème LXX, qui, de même que la plupart des cas particuliers examinés dans cet ouvrage, ne semble pas avoir jusqu'ici été envisagé.

*Le lieu des pieds des normales menées d'un point* P *aux coniques* ($\mu$, $\nu$) *de directions asymptotiques données est une courbe d'ordre* $\mu + \nu$ *admettant* P *pour point multiple d'ordre* $\mu$ *et les points communs aux coniques pour points multiples d'ordre* $\nu : 2$.

On en conclut que :

*Le lieu des pieds des normales menées d'un point* P *aux coniques de directions asymptotiques données et :*

**1271.** Passant par deux points A, B est une cubique qui passe par les neuf points suivants : P, A, B, les quatre projections de P sur les parallèles aux directions asymptotiques menées par A et B, et enfin par les points à l'infini des directions asymptotiques. ($\mu + \nu = 3$.)

**1272.** Tangentes à deux droites se compose de deux quartiques de nœud P. (Deux séries où $\mu + \nu = 4$.)

**1273.** Passant par un point et tangentes à une droite est une sextique de nœud P. ($\mu + \nu = 6$.)

Nous avons vu (th. 1049) que le lieu des points de contact des tangentes aux coniques homofocales menées parallèlement à une direction D est une hyperbole équilatère *ayant pour directions asymptotiques* D et la direction perpendiculaire; on en conclut qu'il y a *une seule* conique (et non deux) de foyers donnés F, F′, normale à une droite P$\delta$. Par le point P passent deux coniques de foyers F, F′, donc :

1274. Le lieu des pieds des normales abaissées d'un point P sur les coniques de foyers F, F′, est une cubique circulaire de point double P, qui passe par les foyers F, F′ et par les projections de P sur les axes. C'est une strophoïde, car les tangentes en P sont à angle droit, puisque les coniques passant en P se coupent orthogonalement en ce point. (Rémond, p. 148.)

On aurait encore pu remarquer que ce lieu se confond avec le lieu des points de contact des tangentes menées de P aux coniques homofocales, car par tout point du plan passent deux de ces coniques se coupant orthogonalement; on voit encore ainsi que le lieu est une strophoïde de point double P; mais il n'est pas sans intérêt de déduire ce résultat des considérations mêmes par lesquelles nous avons établi le théorème LXVI de Chasles. Alors que ce théorème, appliqué sans réfléchir qu'on se trouve en présence d'un cas particulier (puisque les coniques sont inscrites à un quadrilatère dont deux sommets opposés, les points cycliques, sont sur la droite de l'infini), aurait donné un lieu du 5e ordre, le raisonnement même qui sert à établir ce théorème LXVI montre que le lieu se réduit en réalité au 3e ordre.

Bien que je me sois presque constamment abstenu de donner jusqu'ici les théorèmes relatifs aux paraboles, il convient d'ajouter cependant que le théorème LXVI de Chasles ne s'applique évidemment pas à ces courbes et qu'il doit être alors remplacé par le suivant :

LXXI. — *Le lieu des pieds des normales menées d'un point* P *aux paraboles* ($\mu$, $\nu$) *est une courbe d'ordre* $\frac{3\mu}{2} + \nu$ *qui admet le point* P *pour point multiple d'ordre* $\mu$ *et les points cycliques pour points multiples d'ordre* $\frac{\mu}{2}$.

En particulier, le lieu des pieds des normales menées d'un point P aux paraboles circonscrites à un triangle est une courbe du 7e ordre, de point double P, passant par les points cycliques. (Mannheim, N. A., 1875, p. 79.)

En coupant le lieu du théorème LXVI par une droite D, on en déduit évidemment que :

LXXII. — *L'enveloppe des normales aux coniques d'un système* ($\mu$, $\nu$) *aux points où elles sont coupées par une droite* D *est une courbe de classe* $2\mu + \nu$, *qui admet* D *pour tangente multiple d'ordre* $\mu + \nu$. (*Courbes*, tome I, p. 278, th. 65.)

Ce théorème a été énoncé par Chasles; nous le compléterons par le suivant :

LXXIII. — *L'enveloppe des normales aux coniques d'un système*

$(\mu, \nu)$ *qui ont leurs directions asymptotiques données, aux points où ces coniques rencontrent une droite* D, *est une courbe de classe* $\mu + \nu$ *qui admet* D *pour tangente multiple d'ordre* $\nu$.

Nous laisserons au lecteur le soin d'appliquer ces deux théorèmes ainsi que ceux que l'on trouvera sur les normales (*Courbes*, t. I, p. 279) aux nombreux systèmes de coniques dont nous avons donné les caractéristiques.

## XVIII. — LIEUX RELATIFS AUX DIAMÈTRES

31. LXXIV. — *Les extrémités des diamètres des coniques* $(\mu, \nu)$ *qui passent par un point fixe* P *ont pour lieu une courbe d'ordre* $\mu + 2\nu$. (*Courbes*, t. I, p. 273.)

Chasles a déduit ce théorème de théorèmes plus généraux établis au moyen du principe de correspondance, et que l'on pourra lire au tome I des *Courbes géométriques remarquables*. Nous allons l'établir ici directement d'une façon très simple.

Soit $P\delta$ une droite passant par P, le lieu des centres des coniques coupe cette droite en $\nu$ points, centres des coniques qui admettent pour diamètre $P\delta$; ces $\nu$ coniques donnent sur $P\delta$ $2\nu$ points du lieu; d'autre part, il y a $\mu$ coniques passant en P, donc P est point multiple d'ordre $\mu$ du lieu, qui est par suite d'ordre $\mu + 2\nu$. Le lieu passe par les points doubles des coniques $(\mu, \nu)$ réduites à deux droites et par les milieux des segments formés par les couples de points des coniques réduites à deux points, il admet évidemment les points communs aux coniques pour points multiples d'ordre $\nu$.

Nous donnerons en conséquence au théorème du début de ce paragraphe l'énoncé suivant :

*Le lieu des points d'intersection des coniques* $(\mu, \nu)$ *et de ceux de leurs diamètres qui passent par un point fixe* P *est une courbe d'ordre* $\mu + 2\nu$ *qui admet* P *pour point multiple d'ordre* $\mu$, *les points communs aux coniques pour points multiples d'ordre* $\nu$, *et qui passe par les points doubles des coniques* $(\mu, \nu)$ *réduites à deux droites et par les milieux des segments formés par les couples de points des coniques réduites à deux points.*

La démonstration précédente suppose que le lieu des centres est d'ordre $\nu$; si les directions asymptotiques sont données, ce lieu est d'ordre $\nu : 2$, et par conséquent le lieu précédent est d'ordre $\mu + \nu$; on peut donc compléter le théorème de Chasles par le suivant :

LXXV. — *Le lieu des points d'intersection des coniques* $(\mu, \nu)$ *de directions asymptotiques données et de ceux de leurs diamètres qui passent par un point fixe* P *est une courbe d'ordre* $\mu + \nu$, *qui admet* P *pour point multiple d'ordre* $\mu$, *les points communs aux coniques pour points multiples d'ordre* $\nu : 2$, *qui passe par les points doubles des coniques réduites à deux droites et par les milieux des segments formés par les couples de points des coniques réduites à deux points.*

En appliquant ces théorèmes aux plus simples des systèmes de coniques dont nous avons donné les caractéristiques, on trouve que :

*Le lieu des points où les diamètres qui passent par un point fixe* P *rencontrent les coniques :*

**1275.** Circonscrites à un quadrilatère est une quintique passant par P, par le point de rencontre des diagonales et les points de rencontre des côtés opposés, et admettant pour nœuds les quatre sommets du quadrilatère. ($\mu + 2\nu = 5$.)

**1276.** Circonscrites à un triangle et tangentes à une droite est une courbe du 10^e^ ordre de nœud P, admettant pour points quadruples les trois sommets du triangle. ($\mu + 2\nu = 10$.)

**1277.** Passant par deux points et tangentes à deux droites se compose de deux sextiques ayant pour nœuds P et les deux points. (Deux séries où $\mu + 2\nu = 6$.)

**1278.** Passant par deux points A, B et tangentes à deux droites issues d'un point O de AB est une sextique ayant pour nœuds P et les deux points.

**1279.** Passant par un point et inscrites à un triangle est une courbe du 8^e^ ordre admettant P pour point quadruple.

**1280.** Inscrites à un quadrilatère est une quartique de nœud P.

**1281.** Tangentes à deux droites données en deux points donnés est une cubique passant en P.

**1282.** Passant par un point, tangentes à une droite et touchant une seconde droite en un point donné est une sextique de nœud P.

**1283.** Passant par deux points et tangentes à une droite en un point donné est une quintique passant en P.

**1284.** Tangentes à trois droites dont l'une en un point donné est une quartique de nœud P.

*Le lieu des points où les diamètres qui passent par un point fixe* P *rencontrent les coniques de directions asymptotiques données* D, D′ *et :*

**1285.** Passant par deux points donnés A, B est une cubique passant par P, A, B, par les points à l'infini de D et D′, admettant AB pour troisième direction asymptotique, enfin passant par les points d'intersection des parallèles menées par A et B respectivement à D, D′, puis à D′, D. ($\mu + \nu = 3$).

**1286.** Tangentes à deux droites données se compose de deux quartiques de nœud P. (Deux séries avec $\mu + \nu = 4$.)

**1287.** Tangentes à une droite en un point donné est une cubique passant en P. ($\mu + \nu = 3$.)

1288. Admettant un point O pour pôle d'une droite D est une cubique. ($\mu + \nu = 3$.)

En coupant les lieux d'ordre $\mu + 2\nu$ et $\mu + \nu$ par une droite quelconque, on voit que par un point P passent ($\mu + 2\nu$) diamètres de coniques ($\mu$, $\nu$), dont une extrémité est sur une droite D, ou $\mu + \nu$ si les directions asymptotiques sont données. Donc :

LXXVI. — *Dans un système de coniques* ($\mu$, $\nu$) *où les directions asymptotiques ne sont pas données, l'enveloppe des diamètres qui ont l'une de leurs extrémités sur une droite* D *est une courbe de classe* $\mu + 2\nu$, *qui admet* D *pour tangente multiple d'ordre* $2\nu$.

LXXVII. — *Dans un système de coniques* ($\mu$, $\nu$) *de directions asymptotiques données, l'enveloppe des diamètres qui ont l'une de leurs extrémités sur une droite* D *est une courbe de classe* $\mu + \nu$, *qui admet* D *pour tangente multiple d'ordre* $\nu$.

Nous laisserons au lecteur le soin d'appliquer ce théorème aux systèmes de coniques dont les caractéristiques sont données dans le tableau du début. Nous lui laisserons de même le soin d'appliquer le théorème LXXVI.

J'ai indiqué au tome I des *Courbes géométriques remarquables*, p. 272, la généralisation qu'a donnée Chasles du théorème LXXVI, ainsi que la démonstration de ce grand géomètre; elle est basée sur le principe de correspondance. En voici encore une autre, extrêmement simple. Si le lieu des centres des coniques est d'ordre $\nu$ (th. VI), il y a $\nu$ centres sur la droite D et par conséquent $2\nu$ tangentes à l'enveloppe confondues avec D. D'autre part, par un point quelconque M de D passent $\mu$ coniques, qui donnent $\mu$ diamètres passant en M, et il n'y en a pas d'autres, donc l'enveloppe est de classe $\mu + 2\nu$.

Si les directions asymptotiques des coniques ($\mu$, $\nu$) sont données, la droite L n'est plus que tangente multiple d'ordre $\nu$ du lieu, de sorte que l'on peut compléter le théorème LXXVI de Chasles par le théorème LXXVII.

## XIX. — LIEUX DE SOMMETS

32. LXXVIII. — *Le lieu des sommets des coniques d'un système* ($\mu$, $\nu$) *est une courbe de l'ordre* $2\mu + 3\nu$. (*Courbes géométriques remarquables*, t. I, p. 276.)

Chasles, à qui est dû ce théorème, en a donné trois démonstrations; nous avons reproduit l'une d'elles, p. 276 du tome I des *Courbes*. En voici une autre, qui a l'avantage d'être directe et de mettre en évidence certains cas d'exception.

Le sommet d'une conique peut être considéré comme le point de rencontre de cette courbe et de l'un de ses axes. On est donc ramené à chercher combien, sur une droite quelconque L, il y a de points de rencontre des coniques ($\mu$, $\nu$) et de leurs axes, mais pour une conique réduite à deux points A, B, tout point de la droite AB est point de rencontre de la conique infiniment aplatie AB et de son axe AB, sans être sommet, donc il faudra déduire du résultat trouvé les $2\mu - \nu$ points donnés par les intersections de L et des $2\mu - \nu$ coniques infiniment aplaties.

Ceci posé, par un point quelconque M de la droite arbitraire L (*fig.* 9) passent $\mu$ coniques ($\mu$, $\nu$), dont les $2\mu$ axes coupent L en $2\mu$ points M'; donc à un point M d'intersection de L et des coniques correspondent $2\mu$ points M' d'intersection de L et des axes de ces coniques.

Inversement, l'enveloppe des axes des coniques ($\mu$, $\nu$) étant, *en général*, de classe $\mu + \nu$ (p. 73), par un point M' de L passent en général $\mu + \nu$ axes de coniques ($\mu$, $\nu$) et les $\mu + \nu$ coniques auxquelles appartiennent ces axes coupent L en $2(\mu + \nu)$ points M. A un point M' correspondent par suite $2(\mu + \nu)$ points M. La correspondance entre les points M, M' est donc $[2\mu, 2(\mu + \nu)]$, et par conséquent, d'après le principe de correspondance, il y a sur la droite L, $2\mu + 2\mu + 2\nu = 4\mu + 2\nu$ coïncidences de points M et de points M'. Nous devons en soustraire les $2\mu - \nu$ points d'intersection de L et des $2\mu - \nu$ coniques infiniment aplaties; il reste donc

$$4\mu + 2\nu - (2\mu - \nu) = 2\mu + 3\nu$$

sommets sur L, ce qui démontre que le lieu des sommets est d'ordre $2\mu + 3\nu$.

Le lieu des sommets passe évidemment par chacun des deux points des coniques réduites à deux points et admet pour points doubles les points doubles des coniques dégénérées en deux droites. En cherchant le nombre des points du lieu situés sur la droite de l'infini, on voit que chaque parabole du système ayant trois sommets à l'infini, donne trois points du lieu sur cette droite; d'autre part, il y a $\mu$ coniques, d'ailleurs imaginaires et auxquelles on pourrait donner le nom de quasi-cercles, qui passent par l'un des points cycliques; en vertu des propriétés des droites isotropes, ces $\mu$ coniques donnent lieu à $\mu$ sommets situés au point cyclique correspondant; il en est de même pour l'autre point cyclique, et il ne peut y avoir d'autres points du lieu à l'infini; on vérifie encore ainsi que le lieu est bien d'ordre $2\mu + 3\nu$, et l'on peut compléter comme suit le théorème de Chasles, en remarquant que les résultats précédents exigent :

1° que l'enveloppe des axes soit de classe $\mu + \nu$; 2° que le système de coniques $(\mu, \nu)$ ne contienne aucun cercle, comme c'est le cas général; s'il contient $p$ cercles, tout point de ces $p$ cercles est point du lieu, qui se décompose en $p$ cercles et une courbe d'ordre $2\mu + 3\nu - 2p$.

*Le lieu des sommets des coniques d'un système* $(\mu, \nu)$ *dont les directions asymptotiques ne sont pas données et dont aucun des axes ne passe par un point donné est une courbe de l'ordre* $2\mu + 3\nu$ *qui admet en général les points communs pour points multiples d'ordre* $\mu + \nu$, *les points cycliques pour points multiples d'ordre* $\mu$, *les points doubles des coniques* $(\mu, \nu)$ *pour nœuds et passe par les couples de points formant coniques décomposées du système.*

On en conclut que :

*Le lieu des sommets des coniques :*

**1289.** Circonscrites à un quadrilatère est une courbe circulaire du 8e ordre qui admet pour points doubles le point de rencontre des diagonales et les points de rencontre des côtés opposés du quadrilatère. ($2\mu + 3\nu = 8$.) (R. M. S., 1901, p. 333.)

**1290.** Inscrites à un quadrilatère est du 7e ordre. ($2\mu + 3\nu = 7$.)

S'appuyant sur la formule $2(\alpha + \beta)$ qui donnerait l'ordre du lieu des sommets d'un système de coniques tel qu'il en passe $\alpha$ par un point quelconque et que $\beta$ soit la classe de l'enveloppe de leurs axes, la *Revue de Mathématiques spéciales* indique (n° de novembre 1901, p. 333) que le lieu des sommets des coniques d'un faisceau tangentiel est du 10e ordre. Ce résultat est inexact, comme d'ailleurs la formule $2(\alpha + \beta)$, obtenue par une application défectueuse du principe de correspondance.

**1291.** Inscrites à un quadrilatère circonscrit à un cercle est une quintique. ($2\mu + 3\nu - p = 5$.)

**1292.** Tangentes à deux droites OA, OB en deux points donnés A, B est une quintique circulaire de point double O. ($2\mu + 3\nu = 5$.)

**1293.** Circonscrites à un triangle et tangentes à une droite D est une courbe bicirculaire du 16e ordre.

**1294.** Passant par deux points et tangentes à deux droites se compose de deux courbes du dixième ordre. (Deux séries où $2\mu + 3\nu = 10$.)

**1295.** Passant par un point et inscrites à un triangle est du 14e ordre et admet les points cycliques pour points quadruples. ($2\mu + 3\nu = 14$.)

**1296.** Passant par un point et tangentes à deux droites dont l'une en un point donné est du dixième ordre. ($2\mu + 3\nu = 10$.)

**1297.** Passant par deux points et tangentes à une droite en un troisième point donné est du 8e ordre. ($2\mu + 3\nu = 8$.)

**1298.** Inscrites à un triangle et touchant l'un des côtés en un point donné est du 7ᵉ ordre. $(2\mu + 3\nu = 7.)$

**1299.** Tangentes en A et B aux côtés OA, OB d'un triangle isocèle OAB se compose de la médiane OM, et d'une parabole (en dehors du cercle tangent en A et B à OA, OB). $(2\mu + 3\nu = 5.)$ (A. et P., t. II, p. 331.)

**1300.** Tangentes aux côtés OA, OB d'un triangle isocèle et à la base AB en son milieu M se compose de l'axe OM et d'une parabole passant par A et B (en dehors des deux cercles tangents à OA, OB et à AB en M). $(2\mu + 3\nu - 2p = 3.)$ (A. et P., t. II, p. 332.)

**1301.** Tangentes à une droite donnée en un point donné et admettant un point P pour pôle d'une droite D est une quintique. $(2\mu + 3\nu = 5.)$

**1302.** Tangentes à deux droites et admettant un point P pour pôle d'une droite D est du 7ᵉ ordre.

Nous laisserons au lecteur le soin d'appliquer le théorème précédent aux divers systèmes de coniques envisagés dans le tableau du début, et de chercher dans les cas d'exception comment il convient de le modifier. Bien entendu, le théorème de Chasles ne donne pas le lieu des sommets de paraboles. On trouvera au nᵒ 33 l'énoncé du théorème correspondant.

## XX. — LIEUX ET ENVELOPPES RELATIFS AUX PARABOLES

**33.** La plupart des théorèmes généraux concernant les coniques $(\mu, \nu)$ rencontrés dans cet ouvrage s'appliquent encore aux systèmes de paraboles $(\mu, \nu)$, mais il n'en est plus de même des théorèmes relatifs aux lieux de foyers, de sommets, aux enveloppes d'axes, de directrices, aux lieux et enveloppes relatifs à des normales, etc. Sauf en ce qui concerne le lieu des foyers, Chasles n'a pas envisagé le cas des paraboles. Je crois avoir été le seul à le considérer. Voici, dégagés de toute démonstration, le théorème de Chasles et les résultats que j'ai obtenus à ce sujet. On en trouvera les démonstrations soit dans le tome I, p. 267 et suivantes, soit dans le tome III des *Courbes géométriques remarquables* à l'article Parabole :

LXXIX. — *Le lieu des foyers des paraboles d'un système* $(\mu, \nu)$ *dont la direction de l'axe n'est pas donnée est une courbe d'ordre* $\frac{\mu}{2} + \nu$, *qui admet les points cycliques pour points multiples d'ordre* $\mu : 2$. (Chasles.)

LXXX. — *Le lieu des foyers des paraboles d'un système* $(\mu, \nu)$ *dont la direction de l'axe est donnée est une courbe d'ordre* $\nu$.

LXXXI. — *Le lieu des sommets des paraboles* ($\mu$, $\nu$) *dont l'axe ne passe pas par un point fixe est en général une courbe d'ordre* $\frac{3\mu}{2} + \nu$ *qui admet les points cycliques pour points multiples d'ordre* $\mu : 2$.

LXXXII. — *Le lieu des sommets des paraboles* ($\mu$, $\nu$) *de foyer donné est une courbe d'ordre* $\mu$ *admettant les points cycliques et le foyer pour points multiples d'ordre* $\mu : 2$.

LXXXIII. — *Le lieu des sommets des paraboles* ($\mu$, $\nu$) *de directrice donnée est d'ordre* $\nu$.

LXXXIV. — *L'enveloppe des directrices des paraboles* ($\mu$, $\nu$) *non tangentes à deux droites rectangulaires est une courbe de classe* $\nu$ *admettant la droite de l'infini pour tangente multiple d'ordre* $\nu - \frac{\mu}{2}$. *Si le foyer est donné, l'enveloppe des directrices est de classe* $\mu : 2$.

LXXXV. — *L'enveloppe des axes des paraboles* ($\mu$, $\nu$) *est une courbe de classe* $3\mu : 2$ *admettant la droite de l'infini pour tangente multiple d'ordre* $\mu$, *les points cycliques étant points de contact d'ordre* $\mu : 2$.

LXXXVI. — *L'enveloppe des tangentes aux sommets des paraboles* ($\mu$, $\nu$) *dont l'axe ne passe pas par un point fixe est en général une courbe de classe* $\mu + \nu$, *qui admet la droite de l'infini pour tangente multiple d'ordre* $\frac{\mu}{2} + \nu$, *les points cycliques étant points de contact d'ordre* $\mu : 2$.

LXXXVII. — *L'enveloppe des tangentes aux sommets des paraboles* ($\mu$, $\nu$) *de foyer donné est une courbe de classe* $\mu : 2$.

LXXXVIII. — *Le lieu des pieds des normales menées d'un point* P *aux paraboles* ($\mu$, $\nu$) *est une courbe d'ordre* $\frac{3\mu}{2} + \nu$ *qui admet le point* P *pour point multiple d'ordre* $\mu$ *et les points cycliques pour points multiples d'ordre* $\mu : 2$.

Dans la 6e édition anglaise de son excellent ouvrage *A Treatise on Conic Sections*, Salmon, qui consacre une note d'une page (p. 390) à la théorie des caractéristiques, indique que le lieu des foyers des paraboles ($\mu$, $\nu$) est d'ordre $2\nu$. Ce résultat, tout à fait inexact, se trouve reproduit dans la 2e édition de la traduction française (p. 672) qu'ont donnée de l'ouvrage précédent Résal et Vaucheret. La véritable formule est celle qu'a fait connaître Chasles (th. LXXIX) et que j'ai établie au tome I des *Courbes*, p. 269, ainsi que dans le cours de cet ouvrage.

Pour appliquer les théorèmes précédents d'après le tableau des caractéristiques du début, il suffit de remarquer que les paraboles sont des coniques assujetties à être tangentes à une droite donnée, la droite de l'infini; si la direction de leur axe est donnée, elles sont tangentes à la droite de l'infini en un point donné. En appliquant alors les théorèmes précédents aux systèmes de paraboles dont les caractéristiques sont données, d'après ce qui précède, par le tableau du début, on obtiendra encore une foule de résultats que nous laisserons pour la plupart au lecteur le soin d'énoncer, nous bornant ici à quelques-uns d'entre eux :

*Le lieu des foyers des paraboles :*

1303. Circonscrites à un triangle est une quintique circulaire. $(\frac{\mu}{2} + \nu = 5, \mu : 2 = 1.)$ (Cayley, Œuvres, t. VII, p. 522.)

1304. Passant par deux points et tangentes à une droite se compose de deux cubiques circulaires. (Deux séries où $\mu = 2$, $\nu = 2$, $\frac{\mu}{2} + \nu = 3, \mu : 2 = 1.$) (Kœhler, p. 304; A. et P., t. II, p. 319.)

1305. Passant par un point et tangentes à deux droites est une quartique bicirculaire.

1306. Passant par un point et tangentes à une droite en un point donné est une cubique circulaire. $(\frac{\mu}{2} + \nu = 3, \mu : 2 = 1.)$ (On trouve une cissoïde, A et P., t. II, p. 282.)

1307. Tangentes à deux droites dont l'une en un point donné est un cercle. $(\frac{\mu}{2} + \nu = 2, \mu : 2 = 1.)$ (Rémond, p. 242.)

1308. Tangentes à trois droites est le cercle circonscrit. $(\frac{\mu}{2} + \nu = 2, \mu : 2 = 1.)$ (A. et P., t. II, p. 298. C'est un théorème bien connu.)

1309. Conjuguées à un triangle est un cercle. $(\frac{\mu}{2} + \nu = 2, \mu : 2 = 1.)$ (A. et P., t. II, p. 302. C'est le cercle des neuf points.)

1310. Osculatrices à une conique donnée en un point donné est un cercle. $(\frac{\mu}{2} + \nu = 2, \mu : 2 = 1.)$ (Kœhler, p. 302.)

1311. Surosculatrices à une conique donnée (autrement dit, ayant un contact du 3e ordre avec une conique donnée) est une sextique bicirculaire. $(\frac{\mu}{2} + \nu = 6, \mu : 2 = 2.)$ (Kœhler, p. 303.)

1312. Bitangentes à une conique, l'un des points de contact étant donné, est une cubique circulaire. $(\frac{\mu}{2} + \nu = 3, \mu : 2 = 1.)$ (N. A., 1903, p. 95.)

1313. Tangentes à deux droites données et dont la directrice passe par un point fixe est un cercle. (Papelier, *Coordonnées tangentielles*, p. 177; Koehler, p. 108.) $(\frac{\mu}{2} + \nu = 2, \mu : 2 = 1.)$

*Le lieu des foyers des paraboles dont la direction de l'axe est donnée et* :

1314. Passant par deux points est une conique. ($\nu = 2.$) (Kœhler, p. 106.)

1315. Tangentes à deux droites est une droite. ($\nu = 1.$) (Papelier, *Coordonnées*, p. 178.)

1316. Bitangentes à une conique est une conique. ($\nu = 2.$) (N. A., 1876, p. 377.)

*Le lieu des sommets des paraboles* :

1317. Passant par un point donné et tangentes à une droite en un point donné est une quintique circulaire. ($3\frac{\mu}{2} + \nu = 5$, $\mu : 2 = 1$). (A. et P., t. II, p. 284.)

*Le lieu des sommets des paraboles de foyer donné* F *et :*

1318. Tangentes à une droite donnée est un cercle passant par le foyer. ($\mu = 2$, $\mu : 2 = 1.$) (A. et P., t. II, p. 292.)

1319. Passant par un point donné est une quartique bicirculaire passant deux fois par le foyer. ($\mu = 4$, $\mu : 2 = 2.$) (C'est une cardioïde. *Mathesis*, 1908, p. 137, et *Courbes*, t. I, p. 96.)

1320. Tangentes à une conique de foyer F est une quartique bicirculaire de point double F. ($\mu = 4$, $\mu : 2 = 2$) (Kœhler, p. 104.)

1321. Tangentes à une conique quelconque est une courbe du 12^e^ ordre admettant F et les points cycliques pour points sextuples. (V. Retali, N. A., 1899, p. 196.)

*L'enveloppe des directrices des paraboles :*

1322. Inscrites à un triangle est un point, l'orthocentre. ($\nu = 1.$)

1323. Conjuguées à un triangle est un point, le centre du cercle circonscrit. ($\nu = 1.$) (A. et P., t. II, p. 302.)

1324. Passant par un point et tangentes à une droite en un point donné est une parabole. ($\nu = 2$, $\nu - \frac{\mu}{2} = 1.$) (A. et P., t. II, p. 286.)

1325. De foyer F, tangentes à une ellipse de foyer F est une conique. ($\mu : 2 = 2.$) (Kœhler, p. 104.)

*Les enveloppes des axes des paraboles :*

1326. 1° Circonscrites à un triangle; 2° inscrites à un triangle; 3° conjuguées à un triangle; 4° tangentes à une droite en un point donné et passant par un second point donné; 5° osculatrices à une conique en un point donné sont des hypocycloïdes à trois rebroussements (seules courbes de 3^e^ classe bitangentes à la droite de l'infini aux points cycliques). ($3\,\mu : 2 = 3.$) (A. et P., t. II, p. 288, 304, 305, 306; Kœhler, p. 302.)

1327. *L'enveloppe des tangentes aux sommets* des paraboles inscrites à un triangle est une hypocycloïde à trois rebroussements.

$\mu + \nu = 3, \frac{\mu}{2} + \nu = 2, \mu : 2 = 1$, courbe de 3e classe bitangente à la droite de l'infini aux points cycliques.) (A. et P., t. II, p. 304.)

L'enveloppe des tangentes aux sommets des paraboles de foyer donné F :

1328. Tangentes à une droite donnée est un point. (C'est la projection du foyer sur la tangente.) ($\mu : 2 = 1$.)

1329. Passant par un point est un cercle. ($\mu : 2 = 2$.) (*Mathesis*, 1908, p. 137.)

1330. Tangentes à une conique de foyer F est un cercle. ($\mu : 2 = 2$.) (Kœhler, p. 103.)

## XXI. — LIEUX ET ENVELOPPES RELATIFS A DES CERCLES

31. Ces lieux se déduisent des théorèmes généraux concernant les coniques ($\mu$, $\nu$) en remarquant que tout cercle est une conique qui passe par deux points fixes, imaginaires, situés à l'infini : les points cycliques.

*Le lieu des centres des cercles* ($\mu$, $\nu$) *est d'ordre* $\nu : 2$.

Nous nous bornerons à citer quelques applications de ce théorème :

*Le lieu des centre des cercles :*

1331. Passant par un point et conjugués par rapport à deux points est une droite. ($\nu : 2 = 1$.)

1332. Tangents à une droite et conjugués par rapport à deux points est une conique. ($\nu : 2 = 2$.)

1333. Passant par un point et conjugués par rapport à deux droites est une conique (parabole). ($\nu : 2 = 2$.) (J. M. E., 1908-9, p. 68.)

1334. Tangents à une droite et conjugués par rapport à deux droites est une conique. ($\nu : 2 = 2$.)

1335. Passant par un point et tangents à une conique est une sextique. ($\nu : 2 = 6$.) (I. M., 1904, p. 302.)

1336. Passant par un point A et tangents à une conique passant par A est une quartique. ($\nu : 2 = 4$.)

1337. Tangents à une conique de foyer F et passant par ce foyer est une quartique. ($\nu : 2 = 4$.)

1338. Passant par un point et tangents à une parabole est une quintique. ($\nu : 2 = 5$.)

1339. Passant par un point A et tangents à une parabole qui passe en A est une cubique. ($\nu : 2 = 3$.)

**1340.** Passant par un point F et tangents à une parabole de foyer F est une cubique. ($\nu : 2 = 3$.) (Kœhler, p. 294.)

**1341.** Passant par un point et tangents à un cercle est une conique. ($\nu : 2 = 2$.)

**1342.** Tangents à une droite et à une conique est une courbe du huitième ordre. ($\nu : 2 = 8$.) (I. M., 1906, p. 108.)

**1343.** Tangents à une droite et à un cercle se compose de deux coniques, qui sont des paraboles. ($\nu : 2 = 4$, avec deux séries.)

**1344.** Tangents à une droite D et à un cercle tangent à la droite D est une conique (parabole). ($\nu : 2 = 2$.)

**1345.** Tangents à deux coniques données est du 28e ordre. ($\nu : 2 = 28$.)

**1346.** Tangents à un cercle et à une conique est du 12e ordre. ($\nu : 2 = 12$.)

**1347.** Tangents à deux cercles se compose de deux coniques. ($\nu : 2 = 4$, avec deux séries.)

**1348.** Tangents à deux cercles qui se touchent est une conique. ($\nu : 2 = 2$.)

**1349.** Passant par un point et vus d'un autre point sous un angle donné est une conique (cercle). ($\nu : 2 = 2$.) (J. M. E., 43e année, p. 85.)

**1350.** De rayon constant tangents à une conique à centre est du 8e ordre. ($\nu : 2 = 8$.) (Salmon, p. 337.)

**1351.** De rayon constant tangents à une parabole est une sextique. ($\nu : 2 = 6$.) (Salmon, p. 337.)

*Le lieu des pôles d'une droite donnée par rapport aux cercles* ($\mu$, $\nu$) *est d'ordre* $\nu$.

Nous n'en donnerons aucun exemple, il suffit de se reporter à ceux qui suivent le théorème I (nº 11) en remarquant que les cercles sont des coniques qui passent par deux points fixes, les points cycliques.

On peut de même appliquer aux cercles les théorèmes VIII, XII, XIII, XIV, XXII, XXV, XXVI, XXVII, XXVIII, XXIX, XXX, XL, XLII, etc.

On trouve ainsi que :

*L'enveloppe des polaires d'un point par rapport aux cercles :*

**1352.** Passant par un point et touchant une droite est une conique. ($\mu = 2$.) (J. M. E., 1910-11, p. 91.)

**1353.** Tangents à deux droites se compose de deux coniques. (Deux séries de $\mu = 2$.) (J. M. E., 1910-11, p. 40.)

**1354.** De rayon donné dont le centre décrit une droite est une conique.

**1355.** De rayon donné passant par un point fixe est une conique.

*Le lieu des points de contact des tangentes menées d'un point* P *aux cercles :*

1356. Passant par deux points est une cubique passant en P. ($\mu + \nu = 3$.)

1357. Bitangents à une parabole est une quartique de nœud P. ($\mu + \nu = 4$, $\mu = 2$.) (Mosnat, t. I, p. 111.)

1358. De rayon donné dont le centre décrit une droite est une quartique de nœud P. ($\mu + \nu = 4$, $\mu = 2$.) Si, en particulier, P est sur la droite des centres, le lieu est un cappa. (*Courbes géométriques*, t. I, p. 80.)

1359. De rayon donné roulant sur une droite D passant par P se compose de deux cubiques. ($\frac{\mu}{2} + \nu = 3$, avec deux séries.) (A. et P., t. I, p. 134.)

*Le lieu des points de contact des tangentes aux cercles* ($\mu$, $\nu$) *parallèles à une direction donnée est d'ordre* $\nu$.

En particulier, le lieu des points de contact des tangentes parallèles à une direction donnée aux cercles :

1360. Passant par deux points est une conique (hyperbole équilatère, p. 99). ($\nu = 2$.)

1361. Tangentes à une droite en un point donné O se compose de deux droites passant en O (conique ayant un point double en O). ($\nu = 2$.)

1362. De centre donné est une droite. ($\nu = 1$.)

Nous avons vu, comme cas particulier du théorème LVIII, que :

LXXXIX. — *L'enveloppe de l'axe radical d'un cercle fixe* (S) *et d'un système de cercles* ($\mu$, $\nu$) *est une courbe de classe* $\mu$.

On en conclut que :

1363. Les axes radicaux d'un cercle fixe (S) et des cercles passant par deux points A, B sont concourants. (C'est une propriété classique.) ($\mu = 1$.)

*L'enveloppe de l'axe radical d'un cercle fixe* (S) *et des cercles :*

1364. Passant par un point et tangents à une droite est une conique. ($\mu = 2$.)

1365. Tangents à deux droites se compose de deux coniques. (Ce sont deux paraboles. ) (J. M. E., 1913, p. 93.) ($\mu = 4$, avec deux séries.)

1366. Tangents à une droite et orthogonaux à un cercle est une conique.

1367. Passant par un point et dont le centre décrit une conique est une conique.

1368. Passant par un point et tangents à un cercle est une conique.

**1369.** Tangents à une droite et à un cercle se compose de deux coniques.

**1370.** Bitangents à une conique se compose de deux coniques et bitangents à une parabole est une conique.

**1371.** Tangents à deux cercles se compose de deux coniques.

**1372.** Tangents à deux cercles qui se touchent est une conique.

**1373.** Passant par un point fixe et vus d'un autre point fixe sous un angle donné est une conique.

**1374.** De rayon donné R dont le centre décrit une droite ou un cercle est une conique.

**1375.** De rayon donné R passant par un point fixe est une conique.

**1376.** De rayon donné R tangents à un cercle donné se compose de deux coniques.

Je laisserai au lecteur le soin d'appliquer plus complètement aux divers systèmes de cercles dont j'ai donné au début les caractéristiques, les théorèmes généraux relatifs aux coniques ($\mu$, $\nu$) et qui peuvent être employés à l'étude des systèmes de cercles. Il en déduira avec facilité de nombreux exemples de lieux et d'enveloppes. Si, plus généralement, il applique aux systèmes de coniques envisagés au tableau certains théorèmes que je n'ai appliqués qu'aux cas les plus simples, ou encore s'il utilise la série des théorèmes de Chasles reproduits au tome I des *Courbes géométriques*, mais que je n'indique pas ici, il lui sera facile d'ajouter aux problèmes résolus précédemment une foule d'autres questions, pour la plupart inédites, dont il aura immédiatement la solution.

Peut-être se demandera-t-on pourquoi j'ai donné d'aussi nombreuses applications des théorèmes généraux établis au cours de cet ouvrage. C'est qu'il est nécessaire, à mon avis, de montrer l'immense fécondité de la méthode employée. Fréquemment les revues de mathématiques donnent des solutions longues et pénibles de problèmes qui, dans la théorie des caractéristiques, deviennent d'une simplicité enfantine. Cette théorie d'ailleurs est elle-même assez mal connue, puisque de grands géomètres comme Darboux, Cayley, Cremona, Laguerre, Mannheim, ont, depuis sa découverte, accordé leur attention à l'étude directe de questions qui sont de très simples applications soit des théorèmes de Chasles soit de ceux que j'ai moi-même énoncés. Depuis la publication des mémoires d'Halphen, la théorie des caractéristiques est tombée dans un oubli injustifié, auquel ne s'attendait certainement pas l'illustre analyste. Halphen a montré que le nombre des coniques d'un système ($\mu$, $\nu$) satisfaisant à une condition n'est pas toujours de la forme $\alpha\,\mu + \beta\,\nu$ ($\alpha$ et $\beta$ étant des nombres dépendant de la condition), mais est parfois inférieur à $\alpha\mu + \beta\nu$. Rien n'est plus facile à constater par un exemple. Ainsi, le nombre des coniques $(\mu, \nu)$ telles que l'un des points de contact de leurs tangentes issues d'un point donné P soit sur une droite donnée D est $\mu + \nu$, mais si le point P est choisi de manière que le lieu des points de contact des tangentes se décompose (nous en avons vu des exemples au nº 24), le nombre des coniques cherchées n'est plus $\mu + \nu$ mais est inférieur à ce nombre. J'ai en outre montré que l'ordre et la classe des lieux et des enveloppes donnés par la théorie des caractéristiques ne sont pas nécessairement de la forme $\alpha\mu + \beta\nu$. Exemple, d'après un théorème de Chasles :

*Lorsqu'un des axes des coniques* $(\mu, \nu)$ *passe par un point fixe, l'enveloppe de l'autre axe est de classe* $2\nu$ *et admet la droite de l'infini pour tangente multiple d'ordre* $\nu$.

J'ai fait voir (*Courbes géométriques*, t. I, p. 266) que ce théorème doit être complété comme suit :

*Toutefois lorsque le lieu des centres admet le point fixe pour point multiple d'ordre p et passe f fois par un point cyclique, l'enveloppe de l'autre axe est de classe* $2\nu - p - f$ *et admet la droite de l'infini pour tangente multiple d'ordre* $\nu - f$.

Ce qui précède montre que pour chercher les caractéristiques d'un système de coniques $(\mu, \nu)$ on n'a pas le droit de supposer *a priori* qu'elles doivent être données par des formules des types $\alpha\mu$, $\beta\nu$ ou $\alpha\mu + \beta\nu$, bien que ce soit presque toujours le cas.

## XXII. — DÉTERMINATION DES CARACTÉRISTIQUES DONNÉES AU TABLEAU

**35.** Les caractéristiques des coniques passant par quatre points, par trois points et tangentes à une droite, par deux points et tangentes à deux droites sont classiques (voir *Traité de Géométrie* de Rouché et de Comberousse, t. II, p. 447 et suivantes). On peut d'ailleurs les déduire des caractéristiques des cercles passant par deux points, par un point et tangents à une droite, tangents à deux droites, en remarquant toutefois qu'il y a quatre cercles tangents à deux droites et passant par un point (dont deux sont imaginaires et ont leurs centres sur la deuxième bissectrice de l'angle des droites). Les caractéristiques des coniques tangentes à quatre droites, tangentes à trois droites et passant par un point se déduisent de celles des deux premiers systèmes par polaires réciproques.

Les caractéristiques des coniques tangentes à une droite donnée en un point donné et satisfaisant à deux autres conditions se déduisent des théorèmes II et IX; celles des coniques conjuguées par rapport à deux points, du théorème IV; celles des coniques conjuguées par rapport à deux droites, du théorème III; celles des coniques à centre normales à une droite, des théorèmes LXVII et LXVIII; celles des coniques tangentes à une conique donnée, du théorème LXV ou des théorèmes LX, LXI et LXII, LXIII et LXIV.

On montre facilement au moyen du principe de correspondance que dans un système de coniques $(\mu, \nu)$ il y a $2\mu$ coniques qui divisent un segment donné dans un rapport anharmonique donné (différent de $-1$); en particulier il y a $2\mu$ coniques semblables à une conique donnée, il y a $2\nu$ coniques $(\mu, \nu)$ telles que les tangentes OA, OB qu'on peut leur mener d'un point fixe O divisent un angle donné MON dans un rapport anharmonique donné (différent de $-1$), et $\nu$ seulement telles que les tangentes qu'on peut leur mener de O divisent harmoniquement MON; en particulier quand on prend pour droites OM, ON les droites isotropes OI, OJ du point O, on voit qu'il y a $2\nu$ coniques $(\mu, \nu)$ vues d'un point donné O sous un angle donné différent d'un droit et $\nu$ d'un point donné sous un angle droit. On en conclut, en remarquant que le lieu des centres des coniques $(\mu, \nu)$ dont les directions asymptotiques ne sont pas données est en général d'ordre $\nu$, que les cercles orthoptiques des coniques $(\mu, \nu)$ dont les directions asymptotiques ne sont pas données ont en général pour caractéristiques les nombres $\mu'$, $\nu'$ tels que $\mu' = \nu$, $\nu' = 2\nu$.

On pourrait d'ailleurs déduire des théorèmes établis dans cet ouvrage un grand nombre d'autres caractéristiques que celles que nous avons données.

Les caractéristiques des coniques tangentes à une conique donnée peuvent encore se déduire du théorème suivant et de son corrélatif, théorèmes qui semblent ne pas avoir jusqu'ici été publiés :

*Les coniques circonscrites à un triangle* ABC *et qui touchent une courbe* (S) *d'ordre $m$, de classe $n$, passant $p$ fois par* A, *$q$ fois par* B, *$r$ fois par* C (*les nombres de coïncidences des tangentes en* A, B, C *étant $s$, $t$, $u$*), *et touchant en outre $f$ fois* BC, *$g$ fois* CA, *$h$ fois* AB *en des points autres que* A, B, C, *tous ces points de contact étant distincts, ont pour caractéristiques*

$$\mu = 2m + n - 2(p + q + r) - (f + g + h) + s + t + u,$$
$$\nu = 2[2m + n - 2(p + q + r) - (f + g + h) + s + t + u].$$

De ce théorème et de son corrélatif on peut conclure les caractéristiques des coniques tangentes à une courbe algébrique; celles des coniques ayant un contact du 2e ordre avec une conique donnée se déduisent de même de théorèmes faisant connaître le nombre des coniques osculatrices à une courbe donnée et dont les cas les plus simples ont été énoncés par Steiner et Cayley. Même observation pour les coniques bitangentes à une conique donnée. (*Courbes géométriques remarquables*, t. I, p. 411, th. 7 et 8.)

## XXIII. — APPLICATION DE LA THÉORIE DES CARACTÉRISTIQUES AUX PROPRIÉTÉS DESCRIPTIVES DES CONIQUES.

**36.** *La théorie des caractéristiques peut servir de base à la théorie des propriétés descriptives des coniques.* — Nous avons dans le cours de cet ouvrage retrouvé incidemment les propriétés élémentaires des directrices, des asymptotes, celle des polaires d'un point par rapport aux coniques circonscrites à un quadrilatère, celle des pôles d'une droite par rapport aux coniques inscrites à un quadrilatère, le nombre des normales menées d'un point à une conique à centre et à une parabole, etc. Je vais montrer qu'en appliquant certains des théorèmes par lesquels j'ai complété les théorèmes de Chasles, on retrouve les propriétés qui sont à la base de la théorie géométrique des coniques.

Appliquons le théorème LVIII aux coniques circonscrites à un quadrilatère, cas où $\mu = 1$, en remarquant qu'une courbe de classe 1 est un point; nous pouvons dire que : les secondes cordes communes à une conique donnée (S) et aux coniques qui passent par deux points fixes A, B de (S) et par deux points fixes C, D sont concourantes.

Considérons en particulier deux de ces coniques $(\Sigma)$, $(\Sigma_1)$, le couple de droites formé par les droites AB et CD constitue une troisième conique passant par les quatre points A, B, C, D; la seconde corde commune à cette conique et à (S) est la droite CD elle-même, donc les cordes suivant lesquelles $(\Sigma)$ et $(\Sigma_1)$ coupent (S) ont leur intersection sur CD; mais CD n'est autre que la seconde corde commune à $(\Sigma)$ et $(\Sigma_1)$, par conséquent :

*Quand trois coniques ont deux points communs* A, B, *les trois cordes communes qui joignent leurs autres points d'intersection pris deux à deux sont concourantes.*

Ce théorème et son corrélatif, qu'on déduit aussi du théorème XLVII, peuvent être considérés comme la base des propriétés descriptives des coniques, ainsi que je l'ai montré au tome I des *Courbes géométriques*, p. 250. On en déduit, en particulier, presque immédiatement les théorèmes de Pascal et de Brianchon.

Du théorème LVII on déduirait de même que :

*Si l'on considère trois coniques* S, U, V *passant par un même point* O, *les triangles* ABC, DEF, GHK *qui ont pour sommets les trois autres points communs à ces coniques prises deux à deux ont leurs neuf côtés tangents à une même conique.*

Le théorème **XLVII** montrerait corrélativement que :

*Si l'on considère trois coniques* S, U, V *tangentes à une même droite* D *(en particulier trois paraboles), les neuf ombilics points de rencontre des autres tangentes communes aux coniques prises deux à deux sont sur une même conique.*

Du théorème **LVI** de Chasles on déduit aussi que :

*Les dix-huit cordes communes à trois coniques prises deux à deux touchent une même courbe de* 3<sup>e</sup> *classe.* (Cremona, N. A., 1864, p. 30.)

Corrélativement, d'après le théorème **XLVI** de Chasles :

*Les dix-huit ombilics de trois coniques prises deux à deux sont sur une même cubique.*

Le théorème **953** montre que :

*Quand deux triangles sont circonscrits à une même conique, leurs sommets sont également sur une même conique.*

Lorsque dans le n° **1030** on considère une seule conique, on obtient le théorème suivant, dû à Chasles :

*Quand deux angles sont circonscrits à une conique, les sommets et les quatre points de contact sont six points d'une même conique.*

De même le n° **592** lorsqu'on y considère une seule conique donne immédiatement le suivant :

*Quand deux angles sont circonscrits à une conique, les quatre côtés et les deux cordes de contact sont six tangentes d'une même conique.*

Le n° **6** exprime que :

*Les pôles d'une droite par rapport aux coniques tangentes à quatre droites sont en ligne droite.*

Le n° **368** exprime de même que :

*Les polaires d'un point par rapport aux coniques circonscrites à un quadrilatère sont concourantes.*

Le théorème **1233** généralise un théorème classique sur les cordes communes à un cercle et à une conique.

De la proposition **1107**, on déduit, en ne considérant que deux coniques, le théorème suivant que Chasles, dans son *Traité des sections coniques* (p. 356), regarde comme très important :

*Lorsque deux coniques* C, C′ *ont un double contact avec une conique* W, *si d'un point* I *d'une des cordes communes de* C *et* C′ *on mène des tangentes à ces courbes, les quatre points de contact sont sur une conique* Σ *bitangente à* W, *le pôle de contact étant* I.

Nous avons vu (**33**) que les cercles orthoptiques d'un système de coniques $(\mu, \nu)$ ont pour caractéristiques $\mu' = \nu$, $\nu' = 2\nu$. On en conclut que les cercles orthoptiques des coniques tangentes à quatre droites ont pour caractéristiques $\mu = 1$, $\nu = 2$.

Par conséquent :

*Les cercles orthoptiques des coniques tangentes à quatre droites passent par deux points fixes.* Autrement dit, il existe deux points d'où l'on voit sous un angle droit toutes les coniques tangentes à quatre droites. (PLUCKER, Analytisch-geometrische Entwicklungen, t. II.)

Je crois en avoir dit assez pour montrer que la théorie des caractéristiques peut former la base d'une théorie à la fois simple, étendue et féconde des coniques. On a déjà pu voir qu'elle s'applique à toutes les courbes algébriques et j'ai rappelé (*Courbes géométriques*, t. I, p. 422) qu'elle permet la classification des courbes transcendantes. Je l'appliquerai dans le tome II à divers problèmes de lieux et d'enveloppes qu'on peut se poser relativement aux cubiques assujetties à huit conditions simples, problèmes qui, inaccessibles à la géométrie analytique, semblent jusqu'ici n'avoir jamais été abordés.

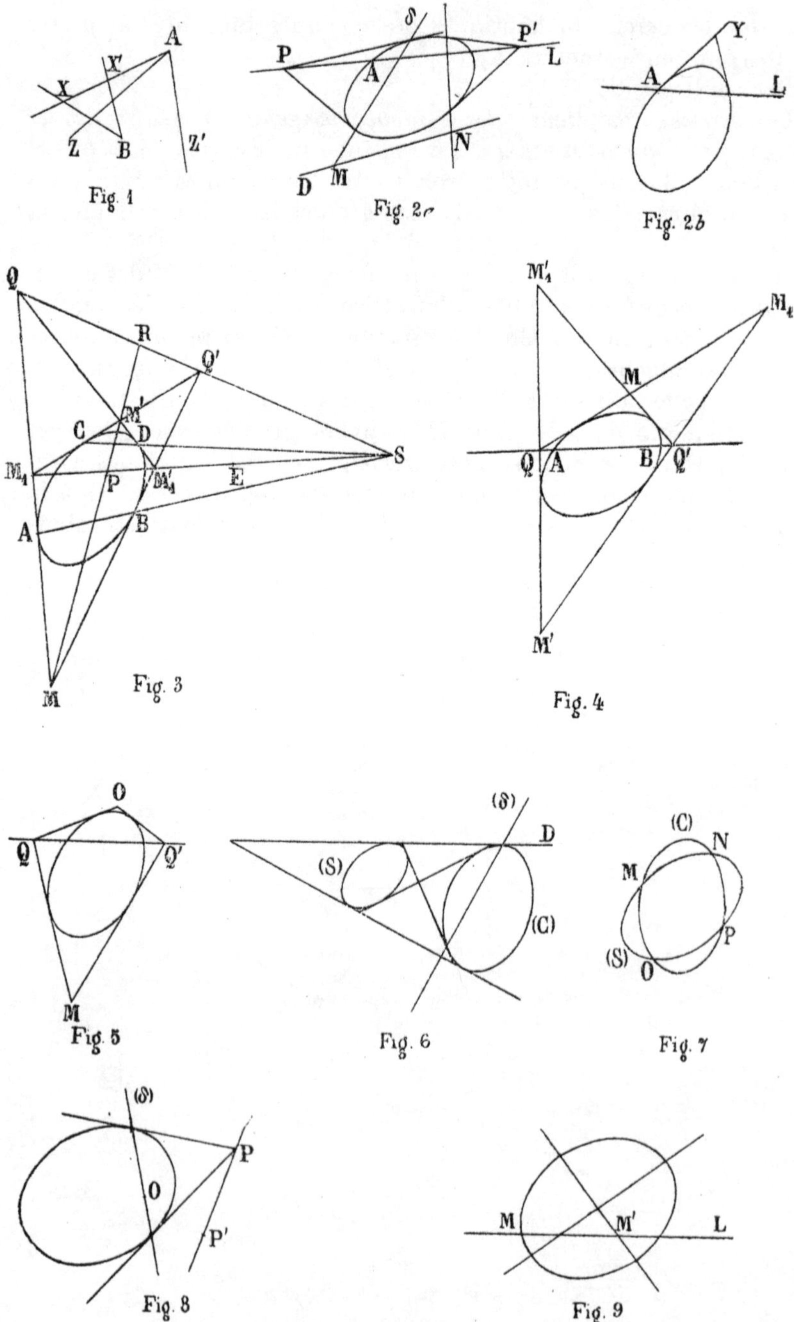


Fig. 1 Fig. 2a Fig. 2b Fig. 3 Fig. 4 Fig. 5 Fig. 6 Fig. 7 Fig. 8 Fig. 9

# TABLE DES MATIÈRES

## ERRATA

|  |  | | | | |
|---|---|---|---|---|---|
| Page 4, | ligne 5 | en remontant, | *au lieu de :* ci, 'ai | *lire :* ici, j'ai | |
| — 9 | — 50 | — | — 1212 | — 12 12 | |
| — 14 | — 31 | — | — n° 2 | — n° 5 | |
| — 18 | — 23 | — | — n° 3 | — n° 4 | |
| — 27 | — 18 | — | — cherché | — du pôle de AB | |
| — 68 | — 10 | — | — décomposées | — imaginaires | |
| — 97 | La dernière ligne doit être la première de la page. | | | | |

Impr. de Montligeon. La Chapelle-Montligeon (Orne). — 13528-7-1923.

www.ingramcontent.com/pod-product-compliance
Lightning Source LLC
LaVergne TN
LVHW091638100826
845152LV00005B/86
*9781418164003*